“十三五”国家重点图书出版规划项目

城市交通拥堵对策系列

# 轨道交通枢纽与城市用地一体化开发

王 晶　陆化普　著

中国建筑工业出版社

**图书在版编目（CIP）数据**

轨道交通枢纽与城市用地一体化开发/王晶，陆化普著. —北京：中国建筑工业出版社，2021.1
（城市交通拥堵对策系列）
ISBN 978-7-112-25764-5

Ⅰ. ①轨… Ⅱ. ①王… ②陆… Ⅲ. ①城市铁路－交通运输中心－关系－城市土地－土地利用－研究－中国 Ⅳ. ①TU921②F299.232

中国版本图书馆CIP数据核字（2020）第256221号

责任编辑：刘 丹
责任校对：李美娜

城市交通拥堵对策系列
**轨道交通枢纽与城市用地一体化开发**
王 晶 陆化普 著
*
中国建筑工业出版社出版、发行（北京海淀三里河路9号）
各地新华书店、建筑书店经销
北京建筑工业印刷厂制版
北京京华铭诚工贸有限公司印刷
*
开本：787毫米×1092毫米 1/16 印张：12¾ 字数：234千字
2021年5月第一版 2021年5月第一次印刷
定价：**78.00**元
ISBN 978-7-112-25764-5
（37002）

# 自 序

伴随着城镇化和机动化进程的快速发展，不可再生资源日益枯竭，全球范围内环境污染日益加剧，人类可持续发展面临严重威胁，这些严峻的现实使人们认识到，传统的发展模式已经难以为继，必须将经济社会发展同资源节约和环境保护结合起来。只有这样，才能实现人类社会可持续发展的目标。因此可以说，城市生态优先、交通绿色发展、资源节约集约、环境低碳环保、出行便捷高效的综合交通系统构建和“以人为本”的城市发展理念已经成为全球的共识和目标。

如何落实上述理念、实现上述目标是广大科研人员和交通规划设计以及管理责任者长期思考和探索的问题。以公共交通为导向的交通与土地利用一体化开发模式为实现上述目标提供了实现途径。采用交通和土地利用一体化的TOD模式，能够显著提高土地利用的节约集约程度，让出行更便捷高效、环境更低碳环保，从而提高交通出行者的体验感和幸福感，是实现城市高质量发展的必由之路。

城市的空间布局和交通系统是互为支撑、互为促进的两大关键因素。城市的发展产生交通需求，而交通的发展又强有力地反作用于城市，影响和引导着城市的发展。注重以公共交通为导向的土地开发模式，推进交通与土地利用的一体化建设，促进职住平衡，提高土地利用效率和出行便捷高效程度，提供良好的步行与自行车出行条件，实现绿色出行，是破解城市交通拥堵、实现低碳环保和幸福生活目标，进而实现城市高质量发展的关键。

当前正值我国轨道交通基础设施快速大规模推进阶段，也是实现轨道交通与沿线城市用地的一体化开发的有利时机，轨道交通与周边用地结合不足，成为制约出行效率、提高交通服务水平和实现土地集约利用、实现交通绿色发展的瓶颈。因此，不断探索和总结轨道交通枢纽与城市用地一体化开发的理论与方法具有重要的理论意义和现实意义。

王晶副教授早在读博阶段，就致力于综合交通枢纽和周边用地的一体化规划设计研究，经过多年不断探索和积累，对综合交通枢纽和周边用地一体化开发的认识不断深化，并以满腔热情尝试从理论和应用层面为迅速发展的轨道交通建设和我国城市的高质量发展提供理论和技术支撑。我作为她的博士后导师，经常与之切磋讨论、研究探索，以期互相启迪、尝试在交通与土地利用一体化理论与应用方面不断实现新的突破。

本书在客观评价当前我国轨道交通与城市用地一体化建设的问题和不足、系统分析总结国内外案例经验及借鉴的基础上，主要从一体化开发的适应性评价、一体化规划建设方法、一体化开发的制度支持、一体化开发的物业构成四方面梳理了轨道交通枢纽与城市用地一体化开发的工作内容和方法，以期为实现交通与土地利用一体化开发提供指导。期待本书能够为落实党中央交通强国战略，有效解决制约轨道交通与城市用地深度一体化建设的关键问题，从而为构建具有中国特色的、可操作性强的交通与土地利用一体化规划设计理论方法作出微薄贡献、为TOD模式的创新应用提供参考。相信本书对于认识轨道交通枢纽与城市用地综合开发的共性问题，提升轨道交通枢纽地区一体化开发水平具有重要的理论与现实意义。本书可供城市管理部门和研究与规划设计机构、以及高等院校的师生和同行参考。

由于交通与土地利用一体化的理论与应用仍处于探索深化阶段，作者的研究与积累仍然有限，本书肯定存在诸多不足之处，敬请各位读者批评指正。

陆化普

2021年5月

# 前 言

随着我国城镇化的快速推进和人们生活水平的提高，城市小汽车保有量迅速增加，交通拥堵问题日益突出，成为制约我国社会经济健康发展的重要因素。另一方面，随着城市人口越来越多，城市规模不断扩大，新增建设用地日益减少，如何提高土地使用效率，实现城市用地集约高效发展，成为摆在城市管理部门面前的难题。日本、新加坡等发达国家的建设经验表明，以公共交通为导向的城市开发（TOD）是缓解交通拥堵、实现集约用地的一个有效策略。

轨道交通占地少、运量大、节能环保，非常适合我国人口众多、通道交通需求强度大的国情，近些年在我国发展非常迅速，据统计，截至2020年底，国家批复和建设轨道交通的城市达到56个，占到我国地级及以上城市的1/5。伴随着高速铁路和城际铁路的快速推进、城市轨道交通线网里程的迅速增加以及线网密度的逐步加大，中国已经大踏步迈入了轨道交通时代。

轨道交通建设与城市空间发展之间有互动支撑关系。区域层面上，高铁、城际铁路等快速轨道交通线网建设可以缩短城市之间的时空距离，密切城市群内部城市之间的联系，激发“同城效应”，促进区域一体化发展。城市层面上，一方面，轨道交通凭借其优越的可达性吸引人口和产业在轨道沿线布局，带动周边土地升值和集约化利用，围绕轨道交通枢纽形成不同功能定位的城市中心点，促进城市空间形态由单中心向多中心转变，优化城市空间结构。轨道交通枢纽周边用地的高强度开发和人口的聚集反过来也给轨道交通带来了充足客流，可以保障轨道交通的运营收入需要。另一方面，枢纽周边土地的混合开发、健全的生活服务设施配置以及完善的步行网络可以有效增加轨道交通吸引力，减少不必要的机动车出行，降低出行总量，提升慢行交通和公共交通分担率，从而实现交通结构和出行模式的优化，从源头上解决交通拥堵问题。因此，有必要在考虑互动关系的基础上做好轨道交通枢纽与城市用地一体化开发。

日本、新加坡、中国香港等国家和地区在轨道交通与城市用地一体化开发方面有不少成功案例，取得了良好的社会经济效益。我国轨道交通建设起步较晚，轨道规划建设与城市用地规划长期处于脱节状态，加上土地政策和用地规范等因素的限制，导致建设过程中出现轨道交通站点选址与城市功能不匹配、枢纽周边用地配置不合理、开发强度偏低、用地性质单一、混合开发程度不足、换乘距离过长等一系列问题。在此背景下，借鉴国内外案例经验，研究我国轨道交通枢纽与城市用地一体化开发的方法，对于指导一体化开发项目的规划建设、推动相关法规政策和技术标准的制定、确保一体化开发的成功具有重要的意义。

笔者认为，轨道交通枢纽与城市用地一体化开发是一项系统工程，这项工作汇集了以土地利用、交通规划、城市设计、土地价值获取、城市更新、房地产开发、土地交易、基础设施建设等众多要素，需要统筹轨道交通、城市规划、政策规范和物业运营四个核心板块，通过枢纽站点交通功能与城市功能的有效融合来实现城市空间集约化发展。本书从轨道交通与城市发展的互动关系出发，借鉴国内外优秀案例经验和相关研究成果，分别从一体化开发的适应性评价、一体化规划建设方法、一体化开发的制度支持、一体化开发的物业业态构成及比例研究四方面梳理了轨道交通枢纽与城市用地一体化开发的工作内容和方法，最后探讨了新技术在一体化开发中的应用。

本书可以为城市管理者以及从事城市规划、交通规划的专业技术人员提供参考，也可以作为高等院校城乡规划专业的教材，希望本书可以为我国的城市与交通一体化建设贡献力量。

王晶

2020年12月

# 目 录

## 第5章　轨道交通与城市用地一体化开发的制度支持



## 第6章　轨道交通枢纽物业开发模式及业态构成比例

# 第1章　轨道交通与城市发展的互动关系

## 1.1　交通系统与土地利用的互动关系

城市交通与土地利用之间是一种相互联系、相互影响的复杂关系。从交通规划的角度说，各项经济指标、人口和土地利用是交通需求预测的起点，也就是说上述指标是交通规划最基本的输入数据，城市综合交通规划正是以这些数据为基础构造模型，进行交通需求预测，制定综合规划方案的。不同的土地利用形态决定了交通发生量、交通吸引量和交通分布形态，在一定程度上决定了交通结构。土地利用形态不合理或者土地开发强度过高，将产生交通容量无法满足的交通需求。从土地利用角度来说，发达的交通改变了城市结构和土地利用形态，使城市中心区过于密集的人口向城市周围疏散；交通设施沿线的土地开发利用异常活跃，各种基础设施大都集中在地铁和干道周围，因此，交通规划和建设对于土地利用及城市发展具有导向作用。

城市交通与土地利用呈现出循环作用与反馈的关系，如图1-1所示，新的土地开发造成或刺激新的出行需求，产生对交通设施的需求，需要建设新的交通设施或者提高现有设施的效率；而交通系统的改善、用地可达性增加又会带来新的土地开发活动的增加，如此相互推动，相互促进（陆化普，2012）。

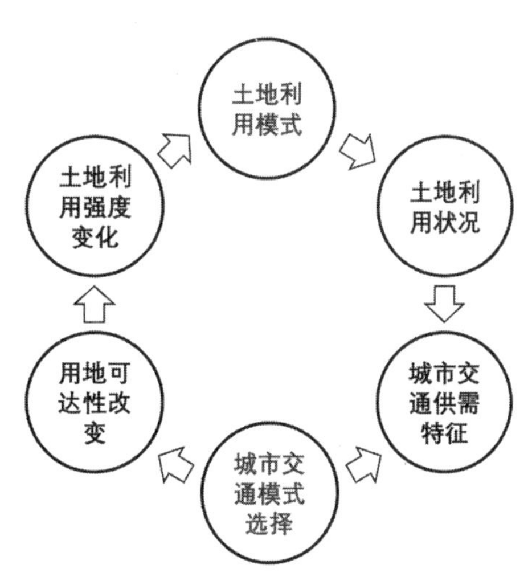


图1-1　交通与土地利用循环作用反馈关系图

但是这样的正反馈不会永远继续下去，当用地开发强度超过交通系统的承载力，交通问题就会凸显，反过来成为制约土地利用增长的负面因素。因此，交通发展与土地利用协调可以相互促进发展，反之，两者之间不协调，将导致相互制约，影响各自发展。

### 1.1.1 土地利用对交通需求特性的影响

城市交通规划过程中需考虑的城市交通需求特性主要包括需求总量、时空分布、需求强度、出行距离和交通结构等。其中，需求总量、空间分布、需求强度、出行距离直接由土地利用状况决定，交通结构间接由土地利用状况决定，时间分布取决于生产生活模式。由此可知，改变土地利用模式将会直接改变城市交通需求的主体特性。在土地利用中，城市空间布局形态、土地功能布局和开发强度是影响交通需求特性的核心因素，不同的土地利用布局、不同的土地利用性质和不同的土地利用强度，对应着不同的交通需求。

城市土地利用形态与交通需求特性的关系如图1-2所示。从城市客运交通需求的产生机理来看，城市土地利用形态决定交通需求的空间分布特性、交通需求的通道、出行强度特性及交通出行的距离特性；而通道交通出行强度特性和居民出行距离特性又将决定交通方式的构成特性。合理的城市结构和土地利用规划将有效减少居民出行的需求总量，缩短居民出行距离，形成合理的交通需求特性，从而避免产生交通系统无法满足的交通需求。

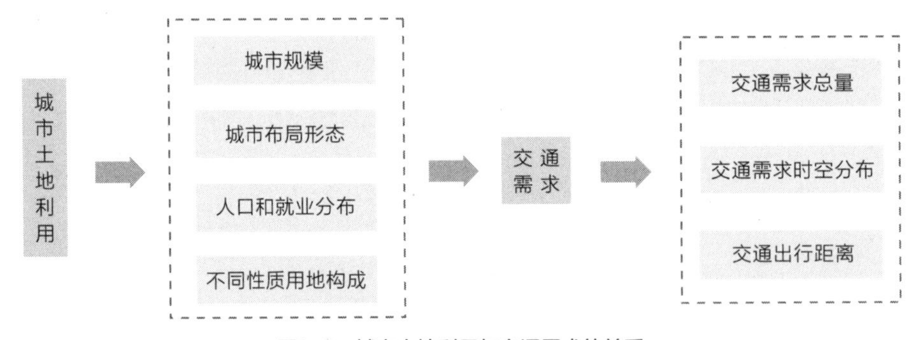


图1-2 城市土地利用与交通需求的关系

来源：陆化普，2012

#### 1. 城市空间结构影响交通模式

城市空间结构和形态相对来说是静态的，各个组团之间的人流、物流交换必须通过交通得以实现。总体上看，交通系统与城市形态有着很强的内在联系。从城市空间结构对交通需求的影响来看，主要表现在不同的城市空间结构决定着不同的城市交通模式。合理的城市形态是城市健康发展的关键，因此很多学者对此进行了大量研究。美国规划师凯文·林奇（Kevin Lynch）在对大城市可能出现的形态研究中提出了离散、星系、核心、星形、环形及多中心网络这6种模式，邹德慈院士（2002）将城市空间形态归纳为集中团块型、带型、放射型、星座型、组团型和散点型这6种类型，英国规划师汤姆逊（J. M. Thomson）在调查研究世界30个大城市后将城市采取的交通战略归纳为5个基本类型。本书从空间结构与交通模式关系入手，将城市空间形态按照城市形态生长趋势总结为紧凑型和蔓延型两种（表1–1）。

不同城市空间结构类型用地和交通模式总结对比　　表1–1

<table>
<tr><th colspan="3">空间结构类型</th><th>用地结构特点</th><th>交通模式</th></tr>
<tr><td rowspan="5">紧凑型</td><td rowspan="2">单中心</td><td>单核圈层状</td><td rowspan="2">土地开发采用密集型模式，单中心占主导地位</td><td rowspan="2">大容量公用交通满足地区高可达性要求</td></tr>
<tr><td>轴向放射状</td></tr>
<tr><td rowspan="3">多中心</td><td>有弱中心的</td><td rowspan="3">高密度城市中心与多个副中心</td><td rowspan="3">多模式交通四通八达，大容量公共交通或者高速公路联系多中心</td></tr>
<tr><td>有强中心的</td></tr>
<tr><td>有强中心且中心区实施限制交通措施的</td></tr>
<tr><td colspan="3">蔓延型</td><td>极微弱城市中心，低密度土地开发，活动中心沿道路特别是高速公路分布</td><td>私人小汽车为主要交通工具的出行需求模式，没有或者仅有极其简单的公交</td></tr>
</table>

蔓延型城市结构是以私人交通为主的完全机动化的城市结构。其主要特征是：极其微弱的城市中心、低密度土地开发、无或仅有极其简单的公交服务、大量的高速公路和停车场；高速公路汇合处有一些小型城市中心。蔓延型城市代表理论是广亩城市。这种城市多是以低密度建筑土地开发为特征，只适用于人口密度较低的地区。蔓延型城市结构以美国城市居多，如洛杉矶、菲尼克斯、丹佛、达拉斯等。这些城市形成以私人小汽车出行为主的交通模式，没有或者很少有公共交通。

紧凑型城市空间结构采用密集型土地开发模式，有主导的城市中心，能够减少城市蔓延，城市边缘地区和农村之间有明显的界线。城市内高密度开发且对可达性要求较高，大容量公共交通服务比较完善，有利于能源高效利用。因此被欧盟委员会称为最有效的城市空间结构形态。紧凑型城市规模较小时单中心结构占主导地位。但是这类城市规模发展太大时，一方面，城市发展的向心力过于强大，容易导致经济容量和城市功能的过分集中，城市中心区交通紧张、生态环境质量下降，影响城市功能的发挥；另一方面，单核结构的城市中心辐射范围有限，边缘地区发展并不充分，超过一定规模后，城市运作效率下降，导致城市居民出行距离加大、潮汐交通特征明显、职住分离现象加剧，城市也就不再紧凑了。由此规划师们提出了多中心的城市结构。当前世界上许多巨型城市都采用了多中心的空间结构。

多中心城市空间结构由高密度城市中心与多个城市副中心组成，轨道、公交、小汽车等多模式交通四通八达。城市副中心为支付不起昂贵租金的个人和企业提供了落脚之处，吸引部分就业岗位，在一定程度上缓解了城市中心的交通拥堵。这些中心有的通过大容量公共交通联系起来，如伦敦和新加坡；有的与高速公路连接，如纽约和悉尼。目前在经历了单中心带来的交通问题之后，我国许多大城市正在调整空间结构向多中心转变，以大容量公交联系各中心的多中心城市结构将成为这些城市可持续发展的最佳模式。《上海市城市总体规划（2017—2035年）》中对标国际经验，在主城区设置9个城市副中心，包括中心城的5个副中心和主城片区的4个副中心。此外，在虹桥、川沙、宝山、闵行4个主城片区分别设置1处副中心，实现主城片区的均衡发展。在《大连市城镇体系规划（2018—2035 年）》中明确提出“规划市域城乡发展总体空间结构为：‘一核两区七组团多节点’，建设功能完备、品质卓越、富于特色的国际化滨海半岛精明有机韧性网络型都市区。”

城市多中心模式是针对单中心存在的一系列“城市病”提出的。理想化的多中心结构是可以在每个中心范围内满足人们的日常生活活动，缩短通勤出行距离，将公交系统均匀分布在各个中心，实现短距离步行出行，长距离公交出行，形成均衡有序的可持续发展的城市空间。但在实际建设过程中，城市多中心能否有效控制人们出行还是未知的，涉及很多复杂因素。如果多中心空间结构规划不到位，对副中心缺乏合理的功能定位、就业岗位和人口流动的全面考虑，则很可能导致更加混乱的通勤行为。

空间结构是土地利用对交通影响的第一个层次，相应的空间形态对应相应的交通需求模式。对于中小城市，“单中心紧凑型结构＋公交系统”可以节约用地和降低能源消耗，减少污染；对于特大城市，“多中心空间结构＋大容量公共交通走廊”是实现可持续发展的最佳选择；“蔓延型空间结构＋私家小汽车主导的需求模式”不适合我国国情，应予以坚决制止。当前我国虽然许多新的城镇和卫星城已在郊区建成，但是到目前为止，公共交通仍未形成一个有力支撑城市体系的网络。因此，这种城市布局反而刺激了私人交通的扩张与膨胀，使得高速公路成为私家车的通勤走廊，引发了交通潮汐现象，高速公路时常严重阻塞成为当前中国交通面临的一大问题。

### 2. 用地功能布局影响交通需求

用地功能布局影响居民出行的分布、次数及出行方式，对城市交通的影响是显而易见的。例如，由于零售商业中心过分集中于市中心，导致市中心往返各区的交通量增大，政府为此进行市中心交通管制，限制小汽车，优先发展公共交通，并在中心外围设内环路或拓宽外侧一些原有道路，就是土地功能布局影响交通系统使之被动接受改良的例证。许多发达国家的城市中心人口锐减，大量居民向郊外迁移，形成规模庞大的交通通勤流，造成城市通勤交通的混杂和道路堵塞、通勤不便的现象。所以，这些城市非常重视交通系统的发展，把解决城市交通问题作为一项长期的战略任务。

城市功能复杂，用地形式种类繁多，我国城市建设用地可以分为8个大类、35个中类、44个小类（表1-2）。根据不同功能性质用地的组织方式可以将城市用地功能布局分为单一功能开发和混合功能开发两种。

城市建设用地分类　　表1-2

| 代码 | 用地类别中文名 | 英文同（近）义词 |
|---|---|---|
| R | 居住用地 | residential |
| A | 公共管理与公共服务用地 | administration and public services |
| B | 商业服务业设施用地 | commercial and business facilities |
| M | 工业用地 | industrial |
| W | 物流仓储用地 | logistics and warehouse |
| S | 交通设施用地 | street and transportation |
| U | 公用设施用地 | municipal utilities |
| G | 绿地 | green space |

来源：《城市用地分类与规划建设用地标准》GB 50137—2011

（1）单一功能开发对交通的影响

单一功能开发依据的是1936年雅典宪章提出的功能分区的原则，该原则要求把城市不同性质用地明确区分开来，并且相互独立。功能分区原则适应了西方工业化初期城市发展要求，但是这种简单的做法割裂了城市功能之间的有机联系，导致城市空间相当的冷漠、单调和缺乏活力，并且带来越来越多的交通问题。一般来说，出行生成率反映了单位用地的出行强度，参照美国交通工程师协会ITE《交通出行生成率手册（第七版）》（*Trip Generation Manunal*, *7th Edition*）列出的主要用地类型的出行生成率（表1-3）和我国现行行业标准《建设项目交通影响评价技术标准》CJJ/T 141给出的出行生成率参考指标

（表1–4）可以发现：不同性质的土地使用将生成不同的交通吸引发生量。由于不同类型用地吸引、发生的功能不同，城市土地利用布局过于单一和纯化，容易形成潮汐交通流，产生钟摆式的通勤交通，导致“空城”与“卧城”的出现。以日本为例，东京轨道交通站点周边土地开发性质单一的特点十分突出，土地开发利用的纯化导致东京城区大规模的潮汐交通流，轨道交通长期超负荷运转。2006年日本总务省的调查数据显示，东京居民的日平均通勤时间高达91.25min。新宿站作为东京西部最大的对外交通枢纽，站点本身进行了充分以零售商业、餐饮为主的商业开发。在站点周边，新宿充分利用轨道交通站点本身的吸引力进行了一系列的商业区、办公区开发。在以新宿站为中心的500m直径范围内主要有新宿、西新宿、歌舞伎町和代代木四个主要街区，这些主要街区多为高密度商业区，土地开发纯化现象十分突出。西新宿作为副都心开发的重点区域，形成了以东京京王广场酒店（Keio Plaza Hotel)、新宿住友大厦、东京都政府大楼等为代表的37座超高层建筑。高密度的商业区给东京经济发展提供了良好的基础，但是新宿站周边商业区与住宅区高度失衡的比例结构造成了新宿周边大范围区域的潮汐式交通需求。在新宿站周边半径约1km，面积约3km$^2$的区域内，昼夜人口比例高达9.04：1。在离新宿站距离最近的新宿三丁目、西新宿一丁目和西新宿二丁目三个街区（面积0.84km$^2$），昼夜人口比例高达294.45：1。钟摆式长距离通勤给城市交通带来沉重压力，尽管通过交通结构优化、交通流均衡等方法可以减少部分道路交通需求，但是无法从根本上解决出行需求日益增多的趋势。因此，城市用地规划中，要避免用地形式过分单一的规划形式。

美国用地类型出行生成率　　表1–3

| 用地类型 | 土地利用功能 | 出行生成率 | 出行生成率（替代） |
| --- | --- | --- | --- |
| 交通 | 商业机场 | 104.73次/航班 | 13.4次/员工 |
| | 公交停车换乘站 | 4.50次/停车位 | |
| 工业 | 一般轻工业 | 6.97次/1000平方英尺（建筑或营业面积） | 3.02次/员工 |
| | 一般重工业 | 1.50次/1000平方英尺（建筑或营业面积） | 0.82次/员工 |
| 居住 | 独立住宅 | 9.57次/居住单位 | |
| | 公寓 | 6.72次/居住单位 | |
| 娱乐 | 电影院 | 1.76次/座位 | |
| | 游乐场 | 75.76次/英亩 | |

续表

| 用地类型 | 土地利用功能 | 出行生成率 | 出行生成率（替代） |
|---|---|---|---|
| 娱乐 | 社区活动中心 | 22.88次/1000平方英尺（建筑或营业面积） | |
| 教育 | 小学 | 1.29次/学生 | 15.71次/员工 |
| | 中学 | 1.71次/学生 | 19.74次/员工 |
| | 大专及社区学院 | 1.54次/学生 | 15.55次/员工 |
| | 大学 | 2.38次/学生 | 9.13次/员工 |
| 医疗 | 医院 | 11.81次/床位 | 5.20 次/员工 |
| | 保育院 | 2.37次/床位 | 6.55 次/员工 |
| 办公 | 一般办公建筑 | 11.01次/1000平方英尺（建筑或营业面积） | 3.32 次/员工 |
| | 政府办公建筑 | 68.93次/1000平方英尺（建筑或营业面积） | 11.95 次/员工 |
| 零售 | 专卖店 | 44.32次/1000平方英尺（建筑或营业面积） | 22.36次/员工 |
| | 购物中心 | 42.94次/1000平方英尺（建筑或营业面积） | |
| | 超市 | 102.24次/1000平方英尺（建筑或营业面积） | 87.82次/员工 |
| 服务 | 银行 | 156.48次/1000平方英尺（建筑或营业面积） | 44.47次/员工 |
| | 快餐 | 716次/1000 平方英尺（建筑或营业面积） | 42.12次/员工 |
| | 加油站 | 168.56 次/加油机 | |

来源：Institute of Transportation Engineers，2008

中国不同类别建设用地出行率参考　　表1-4

| 用地类型 | 土地利用功能 | 高峰小时出行率参考 | 出行率单位 |
|---|---|---|---|
| 住宅 | 宿舍 | 4～10 | 人次/百平方米建筑面积 |
| | 保障型住宅 | 0.8～2.5 | 人次/户 |
| | 普通住宅 | 0.8～2.5 | |
| | 高级公寓 | 0.5～2.0 | |
| | 别墅 | 0.5～2.5 | |
| 商业 | 专营店 | 5～20 | 人次/百平方米建筑面积 |
| | 综合性商业 | 5～25 | |
| | 市场 | 3～25 | |

续表

| 用地类型 | 土地利用功能 | 高峰小时出行率参考 | 出行率单位 |
|---|---|---|---|
| 服务 | 娱乐 | 2.5～6.5 | 人次/百平方米建筑面积 |
| | 餐饮 | 5～15 | |
| | 旅馆 | 3～6 | |
| | | 1～3 | 人次/套客房 |
| | 服务网点 | 5～15 | 人次/百平方米建筑面积 |
| 办公 | 行政办公 | 1.0～2.5 | 人次/百平方米建筑面积 |
| | 科研与企事业办公 | 1.5～3.5 | |
| | 商务写字楼 | 2.0～5.5 | |
| 场馆与园林 | 影剧院 | 0.8～1.8 | 人次/座位 |
| | 文化场馆 | 1.5～3.5 | 人次/百平方米建筑面积 |
| | 会展场馆 | | |
| | 体育场馆 | 0.2～0.8 | 人次/座位 |
| | 园林与广场 | 0.2～2.0 | 人次/百平方米用地面积 |
| 医疗 | 社区医院 | 1.5～4.0 | 人次/百平方米建筑面积 |
| | 综合医院 | 3～12 | |
| | 专科医院 | 4～8 | |
| | 疗养院 | 1～3 | 人次/床位 |
| 学校 | 高等院校 | 0.5～2.0 | 人次/百平方米建筑面积 |
| | 中专及成教 | 2.5～5.0 | |
| | 中学 | 6～12 | |
| | 幼儿园、小学 | 12～25 | |

来源：《建设项目交通影响评价技术标准》CJJ/T 141—2010

（2）混合功能开发对交通的影响

混合功能开发是指在城市某一特定区域内具有多种性质的土地利用。通过前面分析我们可以知道，城市土地利用的混合程度对于交通有很大影响，其中比较明显的是工作和居住分离造成的高峰时段交通拥挤、非高峰时段运量不足的问题。理论上一般认为，良好的城市用地混合开发可以实现各类用地的平衡发展，就近吸纳本区居民出行，调整出行方式结构，减少跨区出行活动，均衡出行时空分布，从而减少有限通道的交通压力，缓解交通拥挤。国际上最早开展的关于混合开发影响交通的相关理论研究可以追溯到19世纪末霍华德（Ebenezer Havard）“田园城市”（Garden Cities）的思想。针对伦敦人口过分拥挤、贫民窟大量出现、城市交通混乱等问题，霍华德认为当城市发展超过一定规模后，就应在它附近发展新的城市，而不是将原来的城市进行扩展。新城市内部要配备齐全的服务设施，就业和居住均衡分布，使居民的“工作就在住宅的步行距离之内”（Howard，1902）。美国学者芒福德（L. Mumford）则把霍华德的思想作了进一步的阐述和明晰化，提出了“平衡”的概念，即城市和乡村要在范围更大的生物环境中取得平衡，以及城市内部各种各样的功能之间要取得平衡，而且平衡可以通过限制城市的面积、人口数量、居住密度等积极措施来实现（Mumford，1968）。芬兰建筑师伊里尔·沙里宁（Eliel Saarinen）提出了有机疏散理论，要把城市的人口和工作岗位分散到可供其合理发展的离开中心的地方（Saarinen，1945）。有机疏散的基本原则之一是把个人日常的生活和工作集中布置，使活动需要的交通量减到最低程度，并且不必都使用机械化交通工具。第二次世界大战后美国出现了居住郊区化的浪潮。中产阶级把住房迁往郊区，在郊区居住区和城市中心区之间形成了大量的上下班交通流，给城市交通带来沉重的负担。20世纪80年代之后，郊区化进一步发展，大量的就业岗位，特别是白领写字楼和服务行业由市中心迁到郊区。但是这种就业外迁并没有减少郊区居民的通勤距离，从1977年到1983年，美国郊区居民的平均通勤距离从10.6英里增加到了11.1英里（Cervero，1989）。就业—居住平衡被美国学者作为解决城市交通问题的重要途径引入大城市的发展政策中，一些学者对土地混合开发与交通出行的关系进行了量化研究，见表1-5。

用地布局对减少车辆出行量影响　表1-5

| 用地功能组织特征 | 减少的车辆出行量（%） |
|---|---|
| 围绕公交枢纽的居住用地开发 | 10 |
| 围绕公交枢纽的商业用地开发 | 15 |
| 沿公交走廊的居住用地开发 | 5 |
| 沿公交走廊的商业用地开发 | 7 |
| 围绕公交枢纽的居住混合用地开发 | 15 |
| 围绕公交枢纽的商业混合用地开发 | 20 |
| 沿公交走廊的居住混合用地开发 | 7 |
| 沿公交走廊的商业混合用地开发 | 10 |
| 居住混合用地开发 | 5 |
| 商业混合用地开发 | 7 |

来源：关宏志，2004

针对我国快速城镇化进程中各地出现的交通问题，2013年陆化普教授从混合用地的角度提出职住混合度和职住均衡度两个指标，以此衡量城市职住分布的分区状态和整体状态，并以中国辽阳和齐齐哈尔为例进行了实证研究。研究表明，尽管齐齐哈尔市建成区面积和人口数量都远远大于辽阳，但由于职住混合度和均衡度都要优于辽阳市，因此齐齐哈尔市人均出行距离反而短。这在一定程度上证明了我国居住与就业岗位的空间分布决定了城市居民通勤出行的时空分布特征，而城市生活基础设施的空间配置决定了居民生活出行的时空分布特性，即居住与就业岗位、居住区生设施配套以及公共设施的空间配置决定了城市居民出行总量和出行距离（陆化普 等，2013）。

尽管我们已经认识到混合用地开发的重要性，但在实践中却不是一帆风顺。第二次世界大战后，西方发达国家的经济进入高速发展时期，许多大城市经济和人口急剧增长，给城市环境、城市效率以及城市管理等方面带来了各种问题。为了缓解和疏散大城市的人口压力，英国等发达国家掀起了新城建设的热潮，明确提出了新城要与原来的中心城市保持一定距离，实现“自给自足，职住平衡”，并通过各种交通工具与中心城市连接起来（陶希东，2005）。随后近半个世纪，西欧和亚洲的日韩等国建设了100多座新城，对于缓解大城市的过度拥挤、消除贫民窟、改善居住环境做出了实际的贡献。但遗憾的是，最初的“自给自足，职住平衡”的目标没有得到很好的实现，许多新城变成了卧城，进一步加长了人们的通勤距离，造成了新城和原有中心城市之间的交通拥堵（肖亦卓，2005）。实际上，我国当前的城市建设也正面临同样的困境。以北京为例，早在2004年《北京市总体城市规划（2004—2020）》就提出要逐步改变目前单中心的空间格局，逐步疏解旧城的部分职能，加强外围新城建设，中心城与新城相协调，构筑分工明确的多层次空间结构。但随着城镇化过程中城市人口增加，城市规模不断增加，城市空间急剧拓展。在这个过程中，由于城市功能布局没有得到同步优化，导致大城市中心城区向心磁力不断加强。首先，近几年北京市中心城区就业岗位密度大幅攀升，人口与就业分布越发失衡，2010年北京市中心城职住比例高出中心城边缘地区1～2倍（图1-3、图1-4），向心交通压力不断增强。与此同时，城市公共资源配置的严重失衡是北京市城镇化进程中功能布局另一个突出的问题。优质公共服务资源高度聚集于中心城区，而郊区新城及中心城边缘新建大型居住区公共服务资源严重短缺。城市核心区人口占全市人口的11.0%，而三甲医院和市级大型商场分别占到41.2%和31.1%；城六区人口占全市人口的59.7%，三甲医院和大型商场分别占到94.1%和75.4%。城市空间拓展与功能布局关系失衡，中心区城市功能更加

图1-3　2010年北京六环内常住人口分布

来源：傅志寰，2013

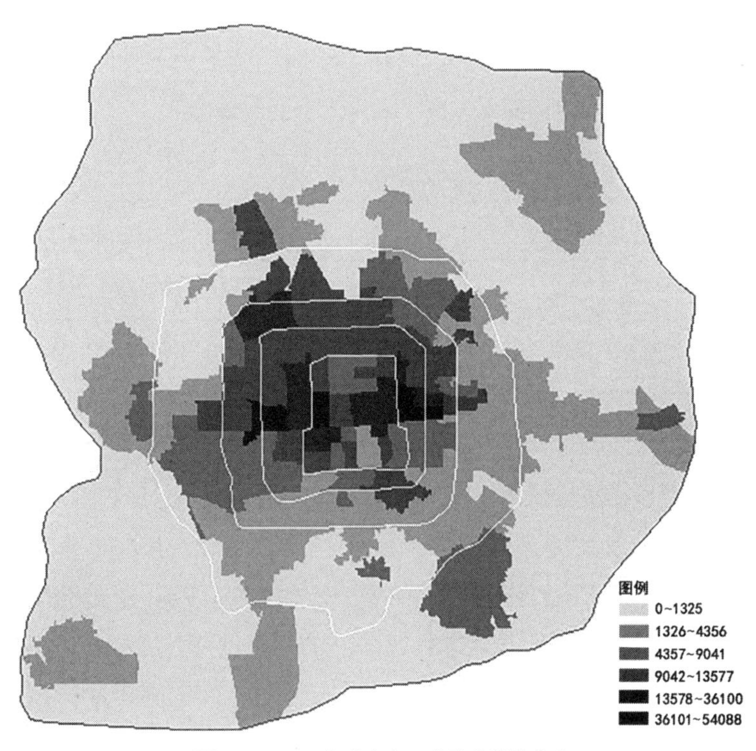


图1-4　2010年北京六环内就业岗位分布

来源：傅志寰，2013

集中，集聚效应进一步增强，导致中心城区向心交通压力加剧。2005～2010年，北京市中心城区出行量占全市出行总量比例上升10个百分点，三环内出行生成/吸引强度增长20%，出行吸引强度仍居市区首位，为六环内平均强度的4.5倍。

此外，就业与居住在空间布局上的失衡导致大规模、长距离、潮汐式通勤交通需求，进一步加剧了早晚高峰时段交通拥挤。北京通州区、回龙观、望京、天通苑等地区每天到北京核心区通勤人员有10万乃至40万人，形成明显的潮汐交通。造成这种现象的原因，除了规划本身存在的问题之外，更主要的是因为人们就业和居住的选择更多地与房价、人的择业能力、购房能力等个人条件息息相关，很难用规划将人们的行为限制住。尽管如此，规划工作者仍然需要不懈努力寻求解决问题的方法。比如从完善社区规划功能，减少居民不必要的生活出行入手，已经取得丰富的理论和实践成果。城市交通需求中大约30%为生活出行，做好完善的住区规划，能大大减少生活出行的总量和出行距离，提高交通的安全性、便捷性，实现以人为本和环境友好。

### 3. 用地开发强度影响交通需求

不同的用地开发强度会产生不同的交通量需求，进而影响交通方式的选择。如高密度的土地利用城市就要求高运载能力的公共交通方式与之适应，反之，低密度的土地利用方式则导致个体交通工具为主导的交通模式。

人口密度与城市交通方式存在如表1-6所示的对应关系。

**人口密度与交通方式** 表1-6

| 人口密度（人/km$^2$） | 城市交通模式 |
|---|---|
| 1000～3000 | 小汽车城市 |
| 3000～13000 | 公交城市 |
| 13000～40000 | 步行城市 |

人口密度对城市公交的服务方式，服务水平及吸引力具有很强的约束或者支撑作用。国外相关研究表明，居住密度达到7户/hm$^2$，公交运营才有基本的经济可行性：大容量公交需要更高的人口密度水平。城市公交出行比例具有随人口密度增加而提高的明显趋势：美国25个人口过百万的城市，平均人口毛密度只有17人/hm$^2$，对小汽车依赖性很强，公交出行比例很低；而西欧17个中等规模城市为45人/hm$^2$，许多亚洲特大城市在100人/hm$^2$以上，人口稠密，亚、欧城市更加依赖公交，一些亚洲城市出行比例尤其高。相对于同等人口密

度的发达国家，我国大城市公交出行比例普遍偏低，公交供给不足，服务水平低是主要原因。一般而言，大城市的城市化进程发展到一定阶段，形成一定规模以后，若整个城市的公共客运交通系统在单位时间内运送的乘客总量比例小于40%～50%时，公共客运交通系统基本处于供不应求状态，若公共交通系统扩容，将迅速提高公交出行比例。国外大容量公交所占的比例相当高，而我国主要采用常规公交，反映出高密度大城市中常规公交的某些不适应。由此可知，对于特定类型的公交设施，人口密度过高或者过低都会对其运营组织产生不利影响。我国城市呈现公交出行比例与平均容积率变化相一致的倾向。一般而言，城市高密度开发具有高比例公交出行，城市低密度开发具有低比例公交出行。私人小汽车和其他出行方式的相对竞争力也受到人口密度、平均容积率的很大影响，并在公交及城市出行结构的变化中有体现，比如在土地利用混合开发前提下，用地开发强度越高，居民相对出行距离越短，步行和自行车等绿色交通方式出行比例越高。因此，为了鼓励某种特定的交通方式，调整城市出行结构方式，对这类地区设施总体强度指标进行宏观调控很有必要。

我国人口基数大，土地资源紧张。紧凑型高密度混合功能开发模式是我国城镇化的唯一可行道路。当前我国城镇化城市发展盲目扩张，土地资源浪费严重。大城市的空间扩张呈现出一种低密度无序蔓延的态势（图1–5）。

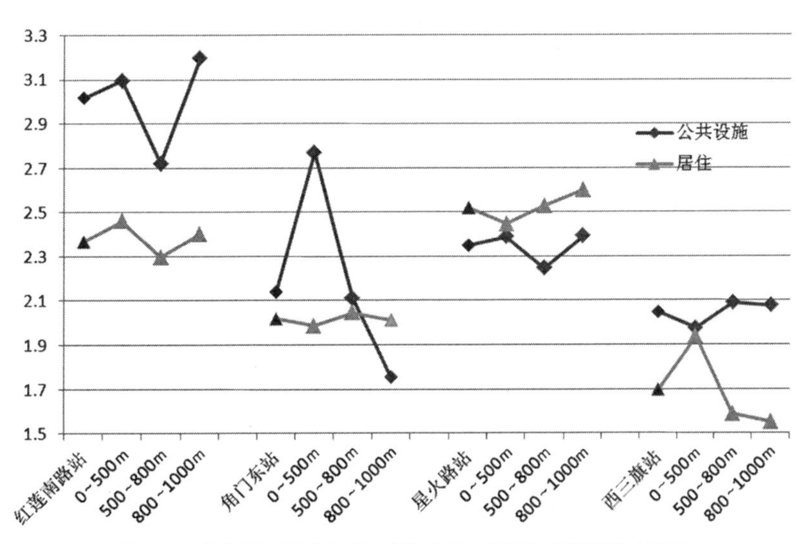


**图1–5　北京市部分拟建或已建轨道站点的周边规划用地容积率**

城市空间的这种低密度无序扩张给交通系统建设和运行带来极大困难。一方面，需求时空分布范围的急剧变化以及出行目的与方式的多样性差异使得交通供求关系更为复杂；另一方面，人口与空间规模的持续快速扩张，引发出行人次总量及出行距离同步增加，于是导致交通出行周转量成倍增加。以北京为例，与2000 年相比，2010年出行距离增长31%，出行周转量增长135%，出行时耗增加了16%。

尽快改变粗放式土地利用模式，通过紧凑型城市形态和高密度的混合用地开发模式，形成特有的交通方式和结构，不同的城市中心之间通过高效的公共交通系统连接起来，最大限度地利用城市空间，并将对个人汽车的依赖降低到最低程度，从根源上缓解各种交通问题，实现城市的健康可持续发展成为摆在我们面前的一项艰巨而紧迫的任务。

### 1.1.2 交通系统对城市土地利用的影响

土地利用决定交通需求特性，从而决定交通系统的构成与模式。反过来说，交通系统又对城市结构的形成和改变产生强大的影响和引导作用。城市形态、发展方向是由城市的交通发展轴决定的。当今城市发展的速度很快，用地在不断扩展，在解决交通问题时，需要具有长远的眼光。

#### 1. 交通技术革新与城市空间形态变化

城市空间形态的变化起源于城市地域空间结构的演化和波动；城市地域空间结构的演变是城市地域功能结构变化的直接反映和最终结果；城市地域功能结构变化的主要影响因素是地域的土地价格和利用方式，某一地区的土地价格和利用方式很大程度上取决于该地区的空间可达性；而在交通技术不断创新的背景下，空间可达性又是个相对的概念，它随交通技术的创新而变化：而城市空间形态的变化又往往进一步强化或弱化交通技术的应用范围和作用强度。交通工具的发展和道路条件的改善，使得居民远离工作地点居住成为可能，大大拓展了居民的居住范围，引起城市空间形态的巨大变化。交通技术革新与城市空间形态变化相互作用机制主要反映在空间距离上，不同交通方式下城市地域的空间范围受到不同的限制。步行通勤每小时约3～5km，现代有轨电车和公共汽车15～30km，地铁、轻轨和小汽车可达30～60km。交通技术创新和空间可达性变化在改变城市空间形态方面作用是非常显著的。交通技术的每次创新都塑造了一种城市空间组织形态的特殊模式。步行和马车时代以交通技术迎合高密度和同心式空间形式为特征，电车时代及高速公路时代以从城市为中心向外呈辐射状或星状偏离为特征（图1–6）。

由于交通技术创新和城市空间形态的特殊关系，人们在进行城市规划时，寻找到了一个重要的、操作性强的切入点。遵循交通技术创新的空间扩散规律，就可能大致预见到城市化主轴线的作用力方向。运用宏观调控的手段，能够建立起比较理想的城市发展地域结构和空间格局。

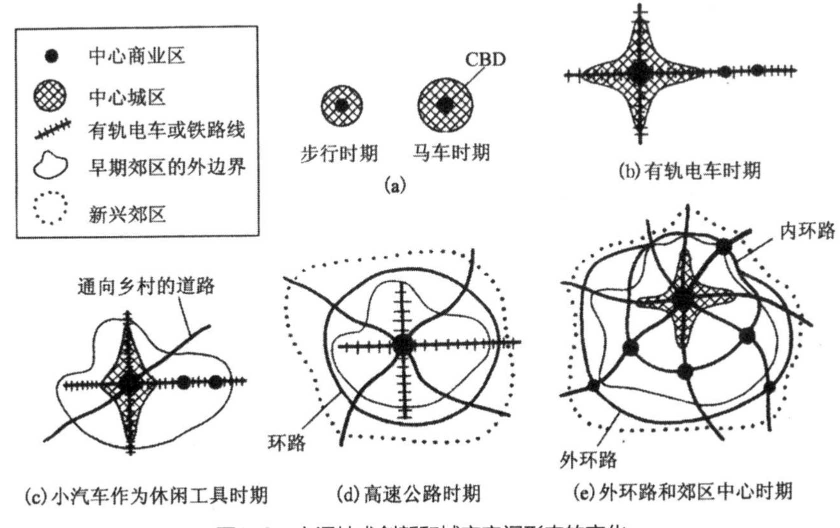


图1-6　交通技术创新和城市空间形态的变化

### 2. 交通方式与城市用地形态

城市交通方式与城市用地形态的形成有密切关系。理论研究表明，步行交通时代（1850年以前）的城市被称为“步行城市”（foot city）（Hall，1988；Newman et al.，1987；Shaeffer et al.，1975），受出行距离影响，城市是紧凑的布局，一般半径不超过5km。Newman和Hogan研究发现该时期城市密度为1～2人/km$^2$。城市街道狭窄，城市肌理非常密实。自行车、有轨电车和铁路时期（1860～1940年）西方城市沿铁路和有轨电车呈星状从中心向外延伸10～20km，被称为“公共交通城市”。城市密度也下降到0.5～1人/km$^2$。人们居住和工作围绕铁路站点，形成一个个节点，被称作“铁路社区”。20世纪60～70年代，亚洲出现“公共汽车城市”，与西方轨道交通支撑的“公共交通城市”相比，由于公共汽车无法承担大运量交通，所以公交站点周边就业岗位相对分散，城市半径较小，一般在15km以内，城市密度达到1人/km$^2$。第二次世界大战后以美国为代表的“小汽车城市”发展起来，城市半径扩展到50km，密度下降到0.1～0.2人/km$^2$。郊区交通条件改善后城市中心吸引力下降，人口和就业向郊区转移，形成分散的蔓延式布局。综合交通时代，城市集约化交通工具的分担量越大，城市内聚力越强，所形成的城市也多呈紧凑布局的形态，如公共交通产生密集的土地利用，而私人交通在某种程度上促进城市分散化。确立以公共交通为主导的交通模式，引导城市紧凑集约化发展，是中国绿色交通系统建设的方向所在，也是一个重要而急迫的问题。其中轨道交通是重中之重。

## 1.2 轨道交通对城市空间发展的影响

城市轨道交通是现代城市交通系统的重要组成部分，是城市公共交通系统的骨干，它不仅具有舒适、快捷、安全、准时等特性，对城市居民出行有较高吸引力，而且对城市空间结构与土地开发具有重要支撑和引导作用，两者的协调发展能够有效引导人口和城市功能合理布局，大幅改善交通出行结构。因此，国际上许多城市都把建设轨道交通作为解决城市交通拥堵的一项重要的长期发展战略。

为满足当前城市规模扩大、通道交通需求强劲的特点，我国轨道交通建设已经进入快速发展期。2018年，国务院办公厅印发《关于进一步加强城市轨道交通规划建设管理的意见》，对新形势下我国城市轨道交通规划建设工作做出部署，提出“坚持多规衔接，加强城市轨道交通规划与城市规划、综合交通体系规划等的相互协调，集约节约做好沿线土地、空间等统筹利用，发挥轨道交通对城市交通运输发展的支撑引导作用”。2019年2月，国家发展改革委印发《关于培育发展现代化都市圈的指导意见》，提出打造轨道上的都市圈，统筹考虑都市圈轨道交通网络布局，构建以轨道交通为骨干的通勤圈。

### 1.2.1 轨道交通对区域及城市发展的支撑

轨道交通可分为干线铁路、城际铁路、市域铁路和城市轨道交通四大类（表1–7），每种类型轨道交通制式不同，运输服务特性不同，对区域和城市发展的支撑作用不同，其适用范围、功能地位、空间分布和建设时序也不同。在具体的轨道交通系统规划建设过程中，大城市、特大城市和巨型城市应建设不同轨道交通制式并使其相互配合，形成优势互补的综合轨道交通网络。

轨道交通分类表　　表1–7

| 类型 | 主要服务范围 | 功能定位 | 特点 |
| --- | --- | --- | --- |
| 干线铁路 | 全国干线、城市群间 | 依托国家铁路网的主要线路，为全国城市（城市群）之间提供点到点的客货运输服务，是具有重要政治、经济、国防意义的铁路 | 包括高速铁路、普速铁路形式 |
| 城际铁路 | 城市群内相邻城市间 | 衔接国家铁路干线或区域专线，主要针对城市群的交通需求特性，提供城市群内相邻城市间高效便捷的铁路运输服务 | 设计速度200km/h左右的快速、便捷、较高频度客运专线铁路 |

续表

| 类型 | | 主要服务范围 | 功能定位 | 特点 |
|---|---|---|---|---|
| 市域铁路 | 通勤铁路 | 属于市域铁路，是专门服务于通勤客流的大站快车或点到点的运输服务 | 都市圈内市中心区到周边通勤城镇的通勤旅客列车线路，主要服务于通勤、通学交通 | 与地铁相比具有站距长、车速快、票价低廉等特点 |
| | 非通勤铁路 | 属于市域铁路，主要服务于都市圈范围内中心城与外围城镇间的出行服务 | 不以通勤为主，实现中心城与外围城镇间、外围城镇相互间的可达性功能，是否有建设需求取决于交通需求特性，包括铁路支线、专线等 | 平均站间距和运行速度一般比城际铁路小 |
| 城市轨道交通 | | 城区内部、组团及与卫星城间 | 服务于城区内部及城区组团间的大运量骨干城市公共客运交通系统，服务于通勤和城市交通通道的日常生活出行需求 | 包括地铁、轻轨、单轨、有轨电车、自动导向轨道等，发车频度大、平均站距小 |

来源：傅志寰 等，2016

## 1.2.2　轨道交通枢纽对城市空间结构的影响

轨道交通枢纽是轨道线网上的重要功能节点，它既是城市多模式交通之间的快速衔接转换和客流集散的中心，同时又是城市发展的触媒。凭借其优越的可达性，通过合理的规划引导，轨道交通枢纽站建设可以带动周边区域土地升值，产业集聚，诱导人口及就业在站点周边分布，形成新的城市空间增长点，促进城市空间结构由单中心向多中心转变，进而改变出行的时空分布特征，减少交通出行总量，改善出行结构，缓解交通拥堵；反之，轨道交通枢纽与城市用地布局关系的不和谐，从长期来看必然导致远期城市交通需求的不合理分布和城市拥堵状况的加剧。因此，有必要考虑两者的互动关系，做好轨道枢纽与城市用地的一体化规划建设。

## 1.2.3　一体化开发的相关理论与方法

从20世纪后期开始，国外针对轨道交通枢纽对城市发展的影响方面进行了大量的研究，取得了丰富的理论成果，比较有代表性的如下。

### 1. 节点－场所理论

“节点–场所”理论的含义是指轨道交通枢纽既是有多种功能的城市场所，又是城市综合交通运输网（高铁、国铁、轨道交通、公交线路、自行车道和步行系统）上的节点（Bertolini et al., 1998；Bertolini et al.，1997），具备交通节点和城市场所的双重属性。

1996年贝尔托利尼（L. Bertolini）对铁路枢纽地区的交通运输节点和城市功能场所的双重属性进行了研究。贝尔托利尼提出了节点价值（node value）和场所价值（place value）的概念用以描述枢纽本身及其周边城市功能的开发特征，并建立了两者相互作用和影响的边际效益模型——贝尔托利尼橄榄球模型，如图1–7所示。节点属性是指铁路枢纽本身作为重要的交通基础设施所具有的交通集散和转换的能力，它的价值通过日交通量来衡量。场所属性是指枢纽利用其交通可达性带动和促进周边地区城市发展的能力，其价值通过开发地区的城市功能承载量来衡量。借助"节点–场所模型"，贝尔托利尼（Bertolini，1996）将铁路枢纽地区分为五种类型。

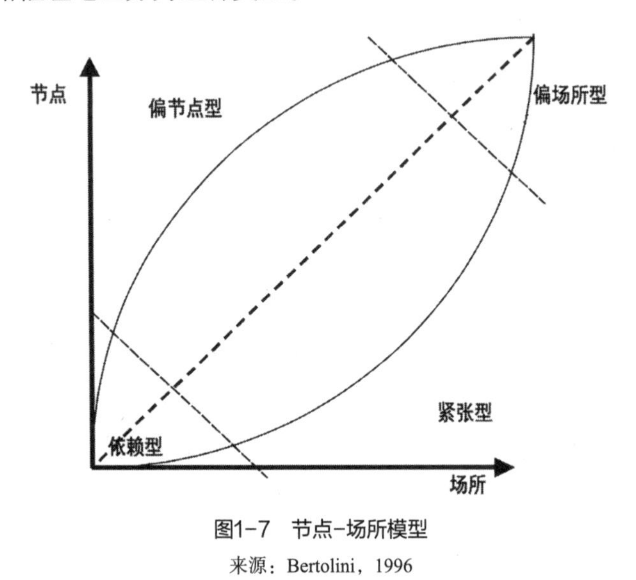


图1–7　节点–场所模型

来源：Bertolini，1996

（1）可达型。节点价值和场所价值趋于平衡，两种功能属性相互支持，在模型中的位置以虚线标识。

（2）依赖型。这类站只有很少的交通设施，以及少量的咖啡馆、餐馆、旅馆商业和住宅。运转状况不太乐观。

（3）紧张型。车站地区存在过多的交通设施和其他功能，各种设施相互争夺空间资源形成恶性竞争，引起冲突和混乱。

（4）偏节点型。这类车站的交通节点的功能非常发达，周边地区的城市开发量却很少，具有孕育新的城市功能的潜力。

（5）偏场所型。这种站区的城市开发非常活跃，大量的城市功能在此集聚，但是交通设施相对较少。这种站区具有发展新的交通设施的潜力。

贝尔托利尼认为良好的可达性能够吸引城市功能的集聚，反之适度密集的城市功能又会带来充足的客流，因此只有当节点价值和场所价值达到平衡状态时高铁枢纽及其周边城市开发才会实现良性互动与发展。尽管存在许多量化问题，但由于贝尔托利尼模型清楚地反映了枢纽地区的发展潜力，因此目前该模型仍然是政府部门制定相关发展政策的主要依据。

2. 圈层发展理论

Schütz（1998）、Pol（2002）等人以大量高铁枢纽站区开发案例为基础，对高铁枢纽的影响范围和层次进行了研究，提出了以高铁站点的可达性为区分标准的站区空间圈层发展结构模型（Priemus，2006）。如图1–8所示，第一圈层也叫作核心圈层（primary development zones），是指高铁枢纽周边步行5～10min以内的地区，是高铁站点的直接影响区，适合开发高等级的商务、办公、居住等功能，由于土地和房地产升值很快。因此多采用高层高密度的建设方式。第二圈层（secondary development zones）是指高铁站点15min以内的范围。是高铁站点的间接影响区，其物业价值和开发密度比第一圈层要低，作为第一圈层功能的拓展和补充，该圈层城市开发功能以商务办公为主。第三圈层（tertiary development zones）是指高铁站点15min以外的区域，受高铁站点影响不明显，外缘基本与城市普通发展区融为一体。

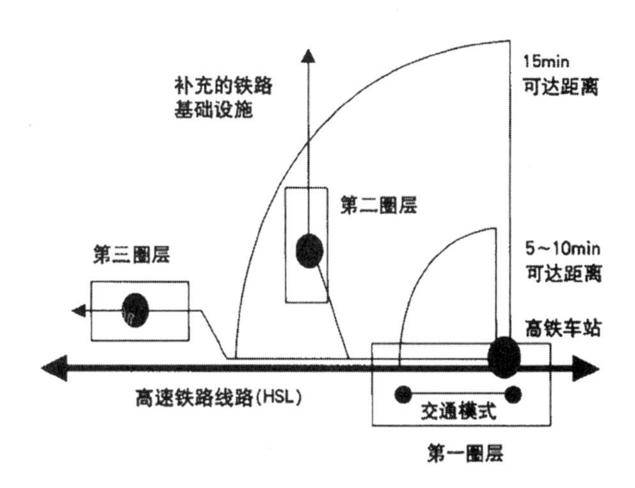


图1–8　高铁枢纽周边圈层发展特征

来源：Priemus，2006

3. TOD模式

20世纪50年代，美国出现逆城市化现象，以小汽车为主导的长距离通勤的交通模式带来的城市问题日益突出，公共交通及土地开发逐渐引起政府和规划界的重视。20世纪90年代初期，美国新城市主义代表人物彼得·卡尔索普提出了面向大众的TOD（transit-oriented development）概念，逐步引起人们的广泛关注。

世界银行全球可持续城市平台（GPSC）认为，TOD是以公共交通为导向的开发模式，是城市规划和设计的一种策略。该开发模式汇集了土地利用、交通规划、城市设计、城市更新、房地产开发、土地交易、土地价值获取和基础设施建设等要素，以更好地实现可持续的城市发展。

TOD规划和分布的目的是为了最大限度地利用社区周边的商业和就业中心，以便有效地服务不同社区。该开发模式通常包括一个中心公共交通枢纽站点（例如火车站，轨道交通站或公交车站），该站点被较高密度的混合用途区域包围，从该中心向外扩展开发强度逐渐降低。混合用途区域通常位于公共交通枢纽站点周围1/4～1/2英里（400～800m）的半径内，因为这被认为是适合步行的区域，居民只需在公共交通站点步行5～10min就能到达集商业、文化、教育、住宅为一体的区域中心。

TOD模式的基本原则要求有适宜步行的街区，自行车网络优先，高品质的公共交通，混合使用街区，根据公共交通容量确定城市密度，透过快捷通勤建立紧凑的都市区域，调节停车和道路增加机动性。此外，TOD还被学者赋予5D原则的概念。5D原则指的是赛韦罗和科克尔曼（Cervero & Kockelman）两名学者在分析城市空间对于交通的影响时，总结了建成环境的3D维度原则，即“注重密度”（density）、“多样性”（diversity）和“设计”（design），后来又在3D原则基础上增加了“交通换乘距离”（distance to transit）和“目的地可达性”（destination accessibility）两个维度，形成了5D规划原则。在后续多位学者的研究中均以5D维度指标作为影响TOD开发的参考研究指标。[①]

TOD有多种类型，每种类型都适用于不同的用途和交通方式。彼得·卡尔索普在《未来美国大都市：生态·社区·美国梦》一书中提出的TOD模式包括城市级TOD（图1-9）和邻里级TOD两个概念，这也是TOD模式最基础的分类（表1-8）。卡尔索普在此基础上建构了两个结构标准以指导 TOD 社区的建设。这两类TOD最主要的区别在于混合程度、与公交的关系、密度等几个方面（李珽 等，2015）。随着TOD理念在世界各个城市的研究中受到越来越多的关注，其在实际工作中的应用形式也越来越丰富。继卡尔索普之后，各地研究者又根据实际建设情况发展出多种分类标准和类型，比如2030 PALETTE（*A Project of Architecture 2030*）在《公交导向发展类型》（*Transit Oriented Development Types*）中提出

---

① https://jiankang.xkyn.com/baike-cdvcgecdgddbrdghrct.htm

并解释了四种TOD类型（核心型、中心型、乡村型和目的地型）的基本情况（表1-9、图1-10）。

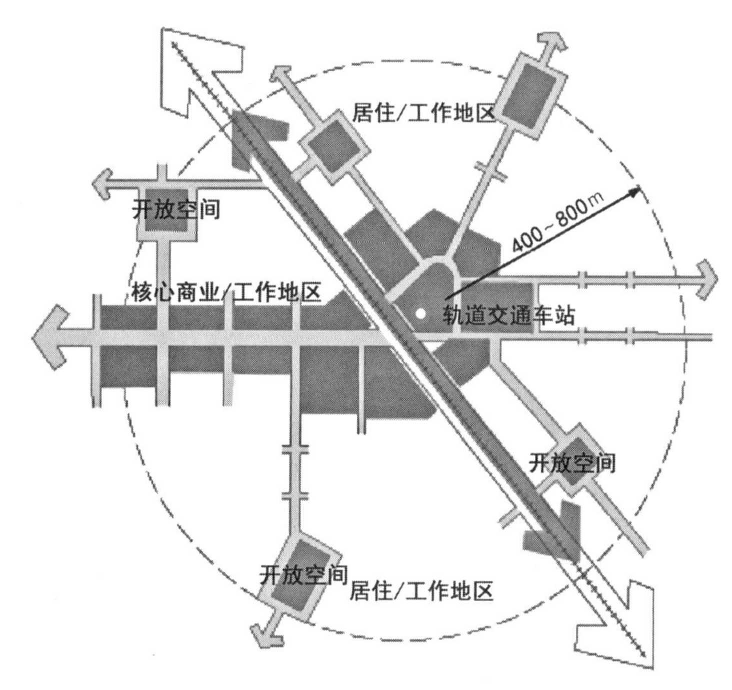


图1-9　城市级TOD概念图

来源：http://www.sustainablecitiesinstitute.org

TOD基础分类表　表1-8

| 名称 | 特点 |
| --- | --- |
| 城市级 TOD | 城市级TOD直接位于区域公共交通网络中主干线上，如地铁、轻轨或快速公交线路上，一般相隔0.8~1.6km。包括高密度商业区、工作场所及中高密度住宅区，规模一般以步行10min的距离或600m的半径来界定它的空间尺度 |
| 邻里级 TOD | 邻里级TOD不是布置在公交主干线上，而是位于地区性辅助公交线路上，并与公交主干线换乘的行程时间大约10min。主要包括中等密度的住宅、服务、零售、娱乐和市政休闲用地 |

四种类型 TOD 基本情况表　表1-9

| | 核心型TOD | 中心型TOD | 乡村型TOD | 目的地型TOD |
| --- | --- | --- | --- | --- |
| 站区特征 | 主要的经济文化活动中心 | 重要的经济文化活动中心 | 当地的经济和社区活动中心 | 一次性的目的地 |
| 运输模式 | 所有模式均有 | 所有模式均有 | 以通勤铁路、当地/区域公交枢纽、轻轨为主 | 以轻轨/有轨电车、快速公交、其他铁路为主 |
| 高峰公交发车频次 | <5min | 5~15min | 15~30min | 15~30min |

续表

| | 核心型TOD | 中心型TOD | 乡村型TOD | 目的地型TOD |
|---|---|---|---|---|
| 土地利用结构与密度 | 住宅、商业、就业和文化功能的高密度混合 | 住宅、商业、就业和文化功能的中高密度混合 | 住宅、商业、就业和文化功能的适度/低密度混合 | 商业、就业、公共服务/文化/科研用地的混合集聚 |
| 商业特点 | 主要为整个区域服务 | 基本为整个区域服务，也为当地社区服务 | 为当地社区服务 | 为目的地服务 |
| 建筑密度 | 中高层建筑为主 | 中、低、高层建筑均有 | 中层、低层、附属建筑和独栋建筑 | 有限的住宅 |

来源：改编自Reconnecting America，2008

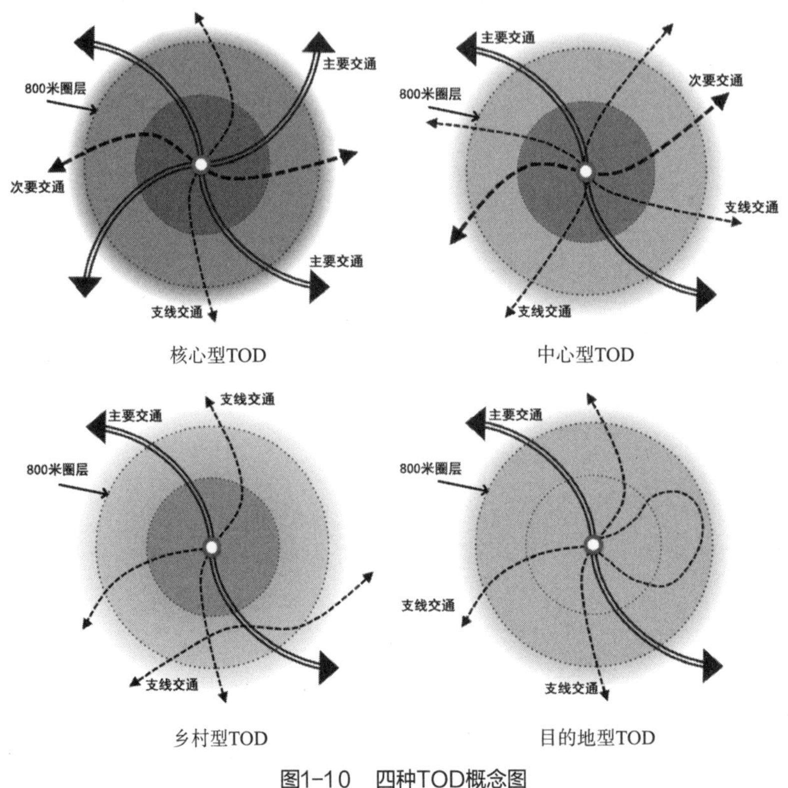


图1-10　四种TOD概念图

来源：http://www.sustainablecitiesinstitute.org

核心型TOD通常位于一个城市的市中心或者中心商业区内。其特点是住宅、商业、就业和市政/文化等功能的高密度混合。作为该地区的通勤枢纽，核心型TOD会有丰富的混合交通服务，例如两种或多种高容量的区域铁路或者轨道交通和公共汽车等。核心型TOD的核心区域往往包含一个连通性良好的街道网络，以实现最高的机动性和良好的可达性。此外，建筑密度以及18～24h的开发项目通常在公交站周围400m半径内达到最大。

中心型TOD作为通勤居民的始发地和目的地中心，通常拥有多种交通方式与区域交通网络连接。中心型TOD既可以是区域性的就业中心和目的地，也可以为当地社区服务。中心型TOD至少有两种以上的18～24h的公交服务模式，并且通常是充满活力和居民交流的混合用途区域，街道的布局鼓励步行者和非机动车活动。在城市开发时，中心型TOD通常在公共交通车站的周围400m内进行较高强度的开发。

乡村型TOD通常是具有经济和社区服务功能的、规模较小的地方性服务中心。乡村型TOD拥有各种交通服务方式，主要是为该地区的居民提供工作上的通勤服务。该车站中心也吸引了其他地区的较少居民前往，不过800m距离范围内的居民还是占使用者的大多数，密度通常在公共交通车站中心半径400m范围内较高。

目的地型TOD通常是具有特殊用途或就业地区的公共交通枢纽。车站不是经济活动的中心，车站周围的建筑密度分布也比较均匀，居民或者游客通常只进行一次性的往返。通常这类TOD建在医院、政府大楼、零售中心、大型校园、体育场馆或大型公园周围。目的型TOD的车站中心附近的开发应注意加强目的地与车站衔接的步行系统的建设。

4．“3V”框架方法

“3V”（Node Value, Placemaking Value, Market Potencial Value）框架是一种技术方法，用于识别公共交通车站周围区域的经济机遇，并通过节点、场所和市场潜在价值之间的相互作用来提升这些机遇。基于以上这三个值，“3V”框架为车站提供了相应的类型选择，为政策和决策者提供量化指标，以便更好地了解城市的经济愿景、土地利用、公共交通网络、车站周边的城市开发质量和市场活力之间的相互作用。“3V”框架可以帮助政府通过一定的规划和实施措施优先安排有限的公共资源，并通过协调各个机构，提升轨道站点的价值。

（1）节点值

根据站点的客运量、多式联运和网络内的中心性来描述站点在公共交通网络中的重要性。通过频度中心性（degree centrality）、亲密中心性（closeness centrality）、中间性（betweenness centrality）、每日载客量（daily ridership）、模态间多样性（inter-modal diversity）等指标进行计算和评估。

（2）场所值

场所或场所价值描述了一个场所的城市质量及其在便利设施方面的吸引力，包括：代表车站周围城市结构的学校、广场/开放空间；城市发展的类型；通过步行和骑自行车来满足当地的日常交通出行需求；车站周围的城市结构的质量，特别是它的行人可访问性；小规模的城市街区以及连接街道的细密网格创造了充满活力的社区；混合的土地利用模式。场所价值可以通过街道交叉口的密度、当地行人的可达性、用途的多样性、车站附近800m范围内的社会基础设施密度等指标进行计算和评估。

（3）市场潜在价值

市场潜在价值是指站区未实现的市场价值。它是通过分析需求的主要驱动因素来衡量的，包括：当前和未来的人口密度（居住人口和就业人口）；目前和未来30min内可通过公共交通到达的工作岗位数量；供应的主要驱动因素，包括可开发土地、分区的潜在变化（如增加容积率）和市场活力。市场潜在价值通过人口密度、工作/居民比例、人口密度增长潜力、平均或中位数收入、管理人员在劳动力中的比例、通过可达性交通获得的工作数量（number of accessible jobs by transit）、房地产开发等指标进行计算和评估。

# 第2章 国内外案例经验及借鉴

## 2.1 丹麦哥本哈根“指状规划”引导城市空间发展

### 2.1.1 背景概况

哥本哈根历史悠久，人口约55万，整个首都地区包括29个城市，人口约170万。其城市街道普遍不宽，但车行空间和慢行空间都能得到充分保障。大哥本哈根地区千人拥有小汽车约225辆。虽然其私人小汽车拥有率很高，但具备高品质的公共交通系统，因此能够有效地适应高峰通勤出行，在空间结构上既可以支撑一个强大的市中心，还能够拥有唯美宜人的郊区新城。由于自行车优先政策的实施以及小汽车共享与公共交通的整合措施，使得哥本哈根市慢行交通占据主导地位。哥本哈根公共交通系统由铁路、地铁和公共汽车组成，公共交通出行分担率约22%，占机动化出行的40%左右，在整个大哥本哈根地区票务系统完全整合为一体，日均公共交通客运量约为110.5万人次。哥本哈根地铁系统由Metroselskabe负责运营管理，该机构由哥本哈根市、丹麦政府和腓特烈斯贝市共同拥有，现有自动驾驶地铁线路2条，长约21km，日均载客约14.8万人。哥本哈根的区域铁路由丹麦国家铁路公司负责运营管理，负责联系郊区与哥本哈根市中心，共有线路7条，全长约170km，日均载客约35.7万人次。哥本哈根地区的公共汽车管理机构，运营6种不同线路，公共汽车共计约1400辆，日均载客约60万人次（陆化普，2014）。

### 2.1.2 轨道交通引导新城开发

1918年，伊利尔·沙里宁在大赫尔辛基规划中提出“有机疏散”理论，引导单中心的城市空间结构转化为功能相对独立、空间相对分离的多中心分散型结构，对后来的哥本哈根实施区域规划、发展轨道交通起到了很大的影响作用（沙里宁，1986）。

1947年，哥本哈根“指状规划”（图2–1）明确提出引导区域沿着由轨道交通线路形成的走廊沿线开发新城，保证区域内很大比例的人口、就业能够采用轨道交通通勤方式出行，并将出行时间控制在45min以内。1987年区域规划的修订版中规定，所有的区域重要功能单位都要设在距离轨道交通车站步行距离1km的范围内。随后的1993年规划修订版对此更加重视，该版规划要求区域内被轨道交通服务所覆盖的地区，要在距离轨道交通车站1km的范围内集中进行城市建设（冯浚 等，2006）。

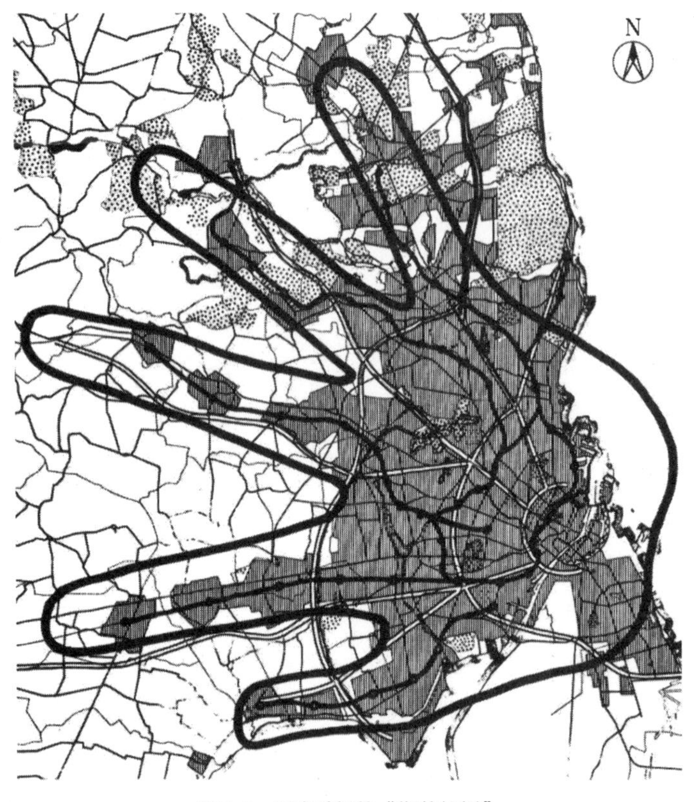


图2-1 哥本哈根的“指状规划”

来源：Peter Bredsdorff and Egnsplankontoret. The Finger Plan [R], 1947

经过60多年的发展，哥本哈根的指状形态清晰可见。哥本哈根外围新城开发与轨道交通建设高度整合，在大多数新城中，公共建筑和高密度住宅区集中布置在轨道交通车站周围，低密度的住宅区则通过人行道和自行车道与轨道交通车站相连。这种布局模式为轨道交通提供了大量通勤客流，而通勤客流的存在又促进了沿线的商业开发，工作、居住和商业的混合开发进一步方便轨道交通乘客，并继续推动沿线土地开发。

### 2.1.3 多层级公交网络无缝衔接

哥本哈根具有非常完备的公共交通服务网络，通勤铁路、地铁、公共电（汽）车、水上公交等共同为整个大区服务。其中，通勤铁路快速联系郊区与市中心，地铁、电车则主要为中心城区服务。公共汽车线路灵活多样，能够满足不同出行服务需求。哥本哈根区域铁路由丹麦国家铁路公司经营，虽然经营主体和地铁等公共交通不一致，但通过政府调控、相关制度或政策的有效实施以及市场运作，公共交通系统内部做到了真正的无缝整合，票制票价完全实现一体化，消除了换乘障碍，减少了换乘时间，提高了吸引力。

哥本哈根放射状的铁路系统深入城市中心，由于铁路主要为郊区与市中心的联系服务，其中央火车站内的铁路和地铁在建筑内部形成了开放统一的整体，打造了便捷立体的换乘体系。在火车站建筑外与其他地面交通工具也实现无缝换乘，通过合理的交通组织确保人车分离，并提倡通过公交、自行车等绿色交通工具换乘。在外围轨道交通车站，则通过完善的交通接驳设施有效提高车站的可达性，如完善的步行系统和自行车路网方便慢行交通集散，支线公交车站设在轨道交通车站附近，从而将更大范围内的出行者聚集到轨道交通站点。

### 2.1.4　世界自行车最佳城市计划

在哥本哈根轨道交通站点的交通接驳方式中，慢行交通占据主导地位。根据1994年有关部门对15个城郊地铁车站进行的旅客出行方式的调查结果，在距离车站的1000m范围内，步行分担率最高，占到38%～100%不等；1000～1500m范围内，自行车接驳方式占主导地位，分担率占到40%。甚至在站点周边2500m范围内，自行车分担率也是最高的（Cervero，1998）。自行车的高分担率与该市推行的自行车政策息息相关。2007年，哥本哈根政府正式提出要将哥本哈根建成“世界自行车最佳城市”，到2015年力争使本市自行车通勤分担率至少提高到50%（Copenhagen Technical and Environmental Administration，2007）。2012年夏，政府发布气候规划，提出到2025年将哥本哈根建设成为世界第一座碳中和城市，并再次重申50% 自行车通勤分担率的宏伟目标，将发展自行车作为交通领域的减排重点（Copenhagen Technical and Environmental Administration，2012）。除了常规的自行车专用网络，哥本哈根还设有高品质的自行车绿道和区域级自行车高速公路等（图2-2）。自行车绿道的选线独立于繁忙的城市干道，穿越公园、滨水等开敞空间，并为联系城市主要的吸引点提供捷径。自行车高速公路主要以最短路径连接郊区居住区和市中心的办公、学校和公交站点等重要节点，引导住在郊区的市民选择10km以上的远途自行车通勤（Copenhagen Technical and Environmental，2012）。除了完善的自行车专用道系统，哥本哈根在自行车设施建设中非常重视人性化设计，例如在路权方面自行车专用道采用独有的“抬起式”设计，这种自行车专用道路面比机动车道高出7～12cm，并用路缘石隔开；自行车绿道遇一般道路时设置自行车优先过街标识，需跨越车流较大的城市干道时则修建自行车专用桥避免平面交叉，进而确保绿道上自行车通行的安全、快速、舒适；设计自行车过街友好和优先设施，包括：亮色自行车过街带、前置自行车等待区、提前自行车停止线、自行车信号灯专属化并提前变绿等，极大提升了自行车使用者过街的安全性、效率和舒适性（Copenhagen Technical and Environmental Administration，2010）。

图2-2 哥本哈根的快速自行车道路

来源：https://www.welovecycling.com/wide/2016/11/16/top-10-pieces-cycling-infrastructure-country-right/

## 2.1.5 经验借鉴

哥本哈根的城市建设经验主要体现在三个方面。第一，围绕轨道交通线网布局重要的城市功能，引导城市空间拓展，并通过法定规划确保这一理念能够长期贯彻实施。第二，高度整合不同交通方式推动一体化交通建设。哥本哈根具备较为完善的公交层级系统，轨道与不同层级公交方式之间无缝衔接，极大提升了公共交通运输效率。第三，重视慢行交通与人性化设计。哥本哈根十分重视慢行交通设施建设，慢行交通在全部出行方式中的分担率接近甚至超过40%。在哥本哈根轨道交通站点的交通接驳方式中，慢行交通占据主导地位，成功解决了轨道交通“最后一公里”的问题，提高了公共交通系统的便捷性和舒适度，增加了公共交通吸引力。

## 2.2　英国伦敦国王十字车站内部社区再生发展项目①

### 2.2.1　背景概况

英国伦敦国王十字车站内部社区再生发展项目位于伦敦市中心东北部，是一项耗资数十亿英镑的城市更新和再开发项目，项目计划由Allies and Morrison、Porphyrios Associates和Townshend Landscape Architects共同制定，部分建筑由JMP建筑事务所负责，基本计划在2006年完成。整个项目被定位为世界级交通枢纽、融合最新技术与维多利亚艺术的场所空间。规划建设包括10个公共场所，3个公园，1个水上休息区，1个新建小学，20条新道路以及20栋建筑物的保护和再利用。项目占地27hm$^2$，地块原为伦敦国王十字车站和圣潘克拉斯主线火车站以北的旧铁路和原工业设施所在地。该项目在当时为欧洲最大的城市中心重建项目，整个重建包括恢复历史建筑、新建现代建筑、围绕内部街道和10.5hm$^2$的开放空间进行修整和组织，规划包括316000m$^2$的办公空间，近2000个住宅单元，46400m$^2$的零售和休闲空间、酒店和教育设施，使得该地块能够成为伦敦城市更新中重要的复兴引擎。该地块是伦敦的主要交通枢纽站区所在地，拥有极高的公共交通可达性，包括6条地铁线，2个国家干线火车站和能够直达法国的欧洲之星（Eurostar）高速铁路的服务。除了地铁、高速铁路外，从地块内部还能够快速到达伦敦东南4个主要机场。此外，2018年完成的泰晤士连线升级工程，可以从两大火车站迅速连接伦敦的北部和南部，项目还拥有12条公交路线，交通可谓四通八达。整个项目完成后将是伦敦最方便的交通换乘枢纽地。

项目用地位于查令十字（Charing Cross）以北4km和利物浦街（Liverpool Street）西北4.5km处。整个地块呈现水滴状，从尤斯顿路向上延伸至摄政运河。地块主要由三个边界确定：从国王十字车站引出的现有东海岸干线铁路；约克大道（York Way），卡姆登（Camden）与伊斯灵顿（Islington）自治市镇之间的区划标志。此外还包括新的铁路线“High Speed 1”，这条线路以前曾被称为海峡隧道铁路连接线。项目内部拥有多个要素，在开发之前，地区内拥有废弃的建筑物、铁路专用线和受污染的土地等，充满了荒废破败感。而各种历史建筑物和地面遗址等，作为维多利亚时代的城镇景观被保留下来。该地区的南半部被交通枢纽的建筑物密集占据着，包括煤气厂、铁路、工业仓库等（图2–3）。

① https://tod.niua.org/todfisc/book.php?book=1§ion=4

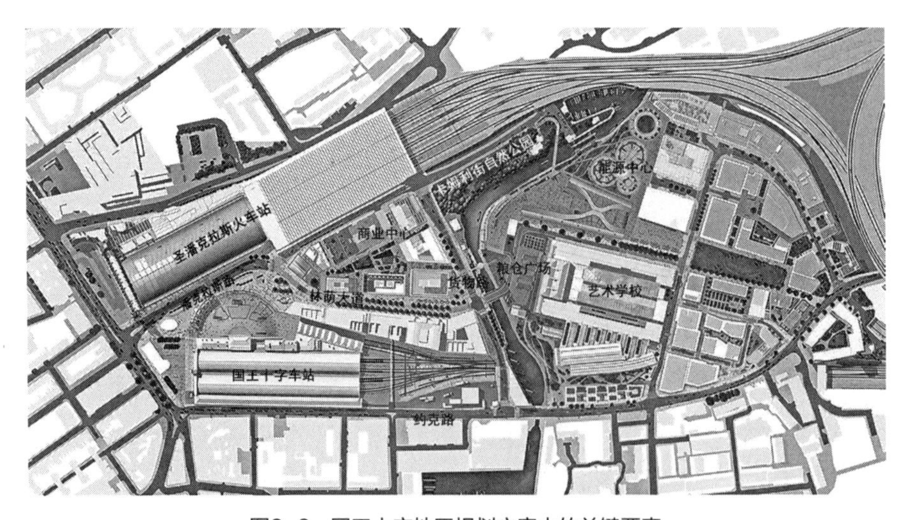


**图2-3 国王十字地区规划方案中的关键要素**

来源：作者依据“国王十字地区项目规划组所制定的kings-cross-masterplan”改绘

规划方案将整个地块从废弃的工业区转变为充满活力的多功能城市区。新建的公共广场和街道为市民提供了一个高质量混合使用的环境。改造的重点放在艺术、文化和遗产上，该地块的1/4用地专门用于文化和休闲，建成后每天将有45000人从中受益。由于地块邻近城市中最繁忙的交通枢纽之一，可达性好，因此吸引了众多公司，新建的住宅项目也特别受到市民的青睐。

该地块的慢行系统规划建设非常完善，加强了两个车站之间慢行交通设施的布局，并且规划了900个自行车停放空间，每个居民区都有自行车存放处，此外，该地区设有伦敦自行车租赁停靠站。为了消除非机动车和机动车的冲突，项目规划建设了一条地下机动车专用通道，实现机动车和非机动车在立体空间上的分离，使地面街道上骑自行车的人和行人更加安全。为了使行人和骑行者可以安全便捷地使用公共空间，整个方案中仅分布了865个停车位，以限制小汽车对地块的占用。项目还特别关注弱势人群对无障碍设施的使用需求，使得弱势人群也能放心地在地块内活动。

## 2.2.2 再生机制与利益协商

国王十字中央有限合伙公司（KCCLP）是国王十字地段的唯一土地所有者，全权负责混合开发计划的制定。该企业由3个合伙公司组成：英国著名的地产开发商Argent公司，占有50%股份；英国政府所有的伦敦和大陆铁路有限公司LCR，占36.5%股份；DHL物流公司，占13.5%股份（The World Bank，2015）。

该项目用地属于伦敦卡姆登区和伊斯灵顿区，利益相关者包括伦敦市长、大伦敦政府和当地居民。项目开发过程中非常重视公众参与，开发商与地方民众进行了多次协商和沟通，听取了伦敦市青年团体的意见，对街上的行人进行了随机采访，并组织了许多展出活动及时公布规划相关信息。公众参与的过程推动形成了该项目规划中有关人性化城市的十大设计原则，这些原则体现在相关的各种设计框架中，用来指导地块的土地混合开发。项目的资金来源包括股权、优先债务和可循环再用的收益。2009年项目开始至2013年初，超过一半的商业空间就已售出或投入使用。首批住宅单元的价格在每平方英尺700英镑以上。如今，混合用途地块的建筑空间平均价格约为每平方英尺1400英镑，并且仍在变化中。到2014年3月，按照建筑面积计算，国王十字改造项目的57%已经完成或得到落实。由于进展顺利，项目实施不久就开始为LCR公司带来财务收益，LCR按照它在KCCLP所持的36.5%的股份获得了利润分成。

### 2.2.3　再生发展愿景及措施

在编制总体规划之前，Argent在2001年题为“人类城市原则”的文件中提出了项目的愿景。该文件概述了Argent以“改善城市生活的条件”作为经济发展关键的意愿。围绕该意愿，开发项目采用高密度、多用途的混合开发方式。项目中公共空间用地10.5hm$^2$，约占该地区用地的40%，其中包括50座新建筑和20座历史建筑；还包括10个新的公共广场和20条新的街道，这些公共空间将提供一个可访问的、高质量的多功能环境。项目重点规划了文化和休闲用地，还建设或翻新了2000所房屋，650个学生住宿公寓以及教育和保健设施。开发者希望该地块成为一个忙碌而活跃的空间，有各种各样的人出于各种原因使用这里并且流连忘返，而不仅仅对“上午8点至晚上7点行动的人”——工人和通勤者有吸引力。整个地块的综合开发建筑总面积为74万m$^2$，项目的南半部分主要规划了办公室和酒店大楼，而大多数零售、休闲、住房公寓以及艺术大学校园则位于摄政运河的北部。整个规划的一个关键是采用底商单元，以始终保持街道的活跃性。例如，潘克拉广场的大部分地区在地面设有餐厅、咖啡厅和酒吧。项目地块内还提供了23座新的和翻新的优质办公大楼，可以租售各种面积。2013年1月，谷歌公司伦敦业务板块的新基地落户国王十字地区，其中包括4650m$^2$的底层零售商店和可以提供存放500辆车的员工停车场。如此具有影响力的公司选择这里，不难看出整个项目的潜力和优势。

KCCLP很早就意识到，国王十字地区的丰富和多样的历史可以为整个规划提供“独特的价值”和特色感。原有地块的几处建筑物，甚至可以追溯到19世纪中期。因此，KCCLP与伦敦卡姆登和伊斯灵顿区的相关政府人员、英国文化遗产委员会、建筑委员会合作，以确保具有历史价值的建筑能够准确地纳入总体规划。在设计上，以建筑遗产的自身特色为主导开展建筑更新以适应新用途。圣潘克拉斯车站和国王十字车站周边地区的建筑物高度控制在8层以内，这样人们从国会山或者肯伍德向圣保罗大教堂眺望时，视线就不会受到遮挡，确保了良好的历史建筑群氛围。

### 2.2.4 注重连通与渗透的总体规划布局

规划中采用与连通性、渗透性相关的城市设计理论建立空间结构和布局。道路围绕公共开放空间、街道小巷、广场公园来展开，这些道路渗透到城市的各个街区，扩大了车站与周边地区的连接范围。项目重建了20条主要路线和10个公共空间。由于公共空间几乎占到整个基地空间的40%，因此人们永远不会离热闹的广场或街道太远。这些公共空间中有5个重要节点，即粮仓广场、车站广场、潘克拉斯广场、库比特广场和北广场，总计83.2hm$^2$（图2-4）。

图2-4 正在开发的国王十字地区

来源：https://tod.niua.org/todfisc/book.php?book＝1§ion＝4

项目十分关注和周边景点互相连通，包括卡姆登市场、摄政公园、伦敦动物园和上大街商业街。卡姆利街自然公园是城市自然保护区，其西部的卡姆登地区将通过一条横跨运河的人行天桥与该地点相连，这也是摄政运河上3个新的跨越道路之一。尽管项目边界不包括这些地点，但开发商希望与这些地点也积极互动，因此采取“模糊边界”方法，以补充项目原有地块所缺少的公共领域和绿色空间。

除了摄政运河和卡姆利街公园都已纳入再生计划外，开发商还设计了一个2.8hm$^2$的绿色社区花园。这是一个屡获殊荣的花园，它促进了社交联系的建立，并教人们如何种植、营销、出售绿色食品以及在社交中学习相关的技能。整个项目还设计了多处水景设施，例如喷泉景观、运河旁台阶上的休息场所等。到了晚上，景观灯的开启让整个喷泉内的雕塑变得五彩缤纷，十分吸引人。这些景观设施都是粮仓广场的一部分，该广场在2012～2013年成功吸引了17.5万名的访客。国王十字地区内的林荫大道是一条重要的道路，它位于国王十字车站和圣潘克拉斯车站两座交通枢纽之间，是进入该地区的主要南北向道路，并且将两座车站与项目以北地区的粮仓广场或摄政运河等地点联系起来。在这里，该项目计划在地下零售空间中将全球知名品牌与精品店融合在一起。开发商还尝试设计了街头食品摊贩区，在学生和白领的午餐时间段很受欢迎。这些举动帮助居民创造了一条充满活力的街道，并且零售商、画廊、精品店和音乐场所都保留了维多利亚时代的建筑风格。

### 2.2.5 可持续社区与绿色建筑设计

项目涉及多项节能举措，包括对文保建筑的改造再利用和提出绿色运输政策，并获得了“BREEAM杰出建筑奖”。建筑物使用致密的材料建造，有助于抵抗季节性极端温度。项目从源头进行垃圾分类，在2013年就有81%的垃圾从该地区的垃圾填埋场内转运出去，降低了该地区的垃圾填埋率。该地区的部分建筑设计有屋顶花园，总面积9000m$^2$，地区内还有长200m、被绿色植物覆盖的墙壁。每栋住宅建筑都为居民提供屋顶花园，上面设有鸟、蝙蝠所栖息的木制小盒子，增加了人们亲近自然的氛围，并为动物的栖息地提供了空间。屋顶花园和绿色墙壁的设计也提供了自然冷却和隔热作用。

项目注重对现状场地能耗的可循环利用，建设了一个集热能和发电为一体的能源中心（即CHP热电联产，该技术相比传统发电，碳排放量和能源成本更低），提供大部分项目的供热需求，这有助于实现在英国创造更高可持续性开发项目的目标。能源中心降低了建筑对于锅炉（能源转换设备）的需求，使能源费用消耗减少了5%。能源中心最终由3台天然气发动机提供动力，这些发动机提供了整个项目约80%的电力需求，而产生的热量被作为副产品，在开发过程中提供热量或加热水。太阳能电池板、地源热泵等组成的太阳能热系统也被用来减少碳排放量。节能效果十分明显。

### 2.2.6 住房开发与社区复兴计划

项目中有13个不同类型的住宅开发项目。住房的出售方式是多种多样的，有的是直接出售给所有者，有的是出售给共享所有权的买家。有的住房用来出租，特别是经济适用房。该地块拥有391套三居室或四居室单元和1309套单户单元。此外还建设了学生宿舍，位于项目北边边缘处的27层塔楼中，可容纳650名学生。开发商与卡姆登自治市镇委员会对规划许可协议进行了商讨，承诺在2000个已建造房屋中提供750套经济适用房（占40%）。这些经济适用房主要针对那些家庭总收入低于6万英镑，或者项目发展需要的相关技术人群，减轻他们的住房负担。

开发商希望通过重点建设卫生保健设施、教育设施和公共场所改善环境，提供帮助和解决地块内和周围存在的贫困现象，以及反社会、犯罪行为等社会问题。此外，还提出一项“社区与复兴计划”，帮助周边地区的人提高工作技能，并增加社会和经济机会，例如为教育发展提供机会，创造高质量的就业机会等。项目还建设了耗资200万英镑的技能学习中心设施和一定数量的学校，为当地居民提供工作经验和学习方法培训。

### 2.2.7 经验借鉴

#### 1. 完善的城市总体规划与设计

总体规划重视道路的连通性与渗透性，以及高品质的城市设计。首先，完善整个地区道路的通达性并提升道路品质，例如林荫大道的设计，加强了项目内的两大重要火车站与项目北部的通达程度，丰富了零售商业，给办公人群提供了便利。其次，将大小广场与道路设计组合在一起，深入项目内部的各个地点，增加了开放空间的数量，这些开放的街道渗透到城市的各个街区，不仅提升了地区内的站点可达性，也加强了两大火车站与周边城市地块的连接。最后，项目在城市设计上进行了细致的考虑，例如在建筑设计上注重维护历史建筑，遵循新建筑与原有建筑相结合的原则，将原有的维多利亚风格很好地还原到建筑改造中，体现了国王十字地区的独特价值和特色。此外，项目注重新技术的应用，例如引入了新的能源中心、设计了太阳能热系统等，充分减少了整个地区的能耗。事实证明，项目将国王十字地区重新建设成为一个高品质、环境优良、富有人气的全新地区，吸引了大量的客流，特别是原来缺少的观光客流。2018年，三星、脸书（Facebook）、劳斯莱斯（飞机发动机业务）等著名企业或集团紧跟谷歌相继入驻，国王十字地区发展前景十分光明。项目不仅重振了城市活力，也使得该地区原有的一些社会问题得到了一定解决。可以说，完善的总体规划与设计最终促成了该项目的成功。

2. 采用混合用地开发，关注不同人群使用需求

整个项目致力于改善国王十字地区的城市生活条件，提升居民的生活品质，因此十分重视地块的多功能混合开发。项目以摄政河为界，南边的地块以两大火车站为核心，重点布置商业、商务办公、酒店等建筑，利用交通带来的巨大客流优势进行开发。而北边的地块以住宅和学校为核心，包括了大量的开放空间、一定数量的学校或技能中心、公园广场、学生公寓等生活和教育设施。多种功能的混合设置，大幅提升了该地区的城市活力。项目还希望在公共活动空间设计上满足不同类型使用者的需求，吸引不同人群来访和游玩，建设一个长时间不间断的活力空间。比如在多个广场和公共空间上设计了别致的景观艺术设施，成功吸引了大量的观光客前往此处。项目也为弱势人群提供了诸多便利，例如，提供给收入不高的家庭或者需要前往此处工作的相关人员一定数量的经济适用房，减轻他们的住房负担；在无障碍设计上，项目也考虑设计弱势人群使用起来更加便利的道路设施，充分关注了不同人群的使用需求。

3. 重视公众参与社区的可持续发展

整个项目涉及多个利益相关者。为了确保各类团体人群的需求，开发商对各个利益相关方进行了详细的采访和协商，此外还组织了很多展会活动供人们参观、了解项目建设情况和提出意见，鼓励居民一同参与到旧建筑或者原有道路空间改造当中，这些举动体现了项目对公众参与的高度重视。在提升公众参与度方面，项目还建设了绿色社区花园，该花园有相关人员指导人们学习蔬菜水果的栽培、出售等相关技能，帮助他们学到真正的农业知识，丰富了他们的生活技能，使他们可以充分亲近自然。在降低贫困、治理社会问题方面，项目提出了“社区与复兴计划”，规划建设了技能学习中心和一定数量的学校，帮助困难人群学习工作技能，提高他们的就业机会，以实现社区的可持续发展，这些举动充分体现了对人性的关怀，值得借鉴。

## 2.3　澳大利亚悉尼中央车站至伊夫利地区的城市更新计划

### 2.3.1　背景概况

SGS Economics & Planning在2015年报告了澳大利亚悉尼中央车站至伊夫

利地区的城市更新计划（以下简称“计划”），重点研究悉尼城市核心地块之一——中央车站至伊夫利地区。悉尼位于澳大利亚的东南沿岸，是新南威尔士州的首府，也是澳大利亚最大城市，人口约530万（2019年底）。在过去的数十年中，悉尼的经济持续快速发展，从全市来看，悉尼CBD（中央商务区）提供了整座城市经济发展的强劲动力。但是近年来，悉尼出现了城市租金和劳动力价格上涨、工作方式变化等一系列问题，整个城市的就业格局也在悄然发生改变。因此在未来50年时间内，悉尼希望在别的地方寻求和创造更多的行业机会，而不仅限于传统的CBD地区，中央车站至伊夫利地区就是其中最受关注的一个地区。

中央车站至伊夫利地区（以下简称研究区）从悉尼CBD的南端一直延伸到更南端的街区——厄斯金维尔为止。计划将研究区确定为悉尼未来商业发展的中心，在充分考虑研究区的地理位置、城市结构和地区特征，以及由此产生的潜力和发展机会后，提出了相应的开发方案（图2–5）。

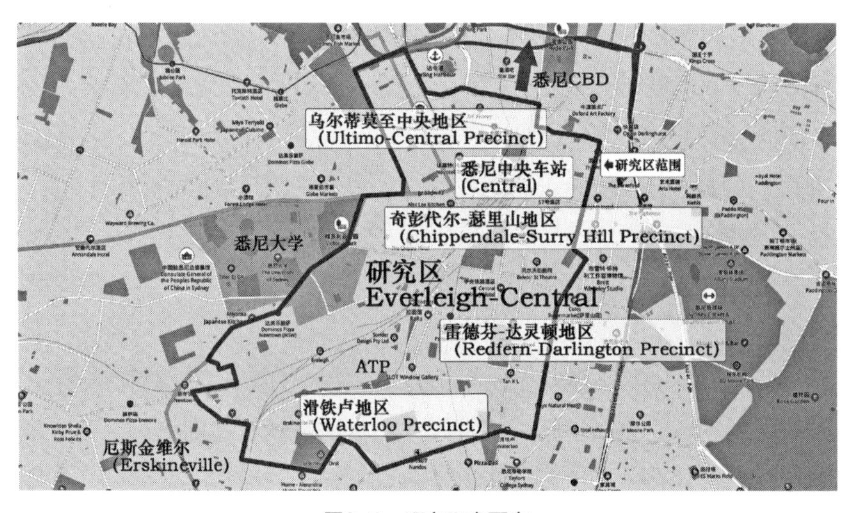


图2–5 研究区内要素

来源：作者基于百度地图改绘

## 2.3.2 产业发展趋势预测

计划首先关注整个研究区以及更广泛范围内的发展趋势，并针对几种主要的行业趋势做了预测。主要包括：研究区对专门用于办公场所的服务性组织的需求持续增长（2006～2012年，增长了24%），创意产业的布局大幅增加（2006～2012年，增长了59%），而LGA（地方政府区域，即包括悉尼CBD在内的相应区域）的制造业则相应下降（2006～2012年，减少了9%）。

此外，计划观察到悉尼大学和悉尼科技大学的校园规模和学生人数均有所增加。医院、大学和私营部门之间逐渐体现出加强合作的趋势。综合上述趋势，计划预测除制造业外，所有已经确认行业的就业机会将继续增长。但是，计划认为，悉尼是一个多中心城市，整个城市的其他中心也在争占土地，尤其是在写字楼市场方面，例如帕拉马塔、北悉尼、悉尼奥林匹克公园、圣伦纳德和诺威斯特等。所以，研究区必须根据新兴趋势和现有资产进行准确定位，让其与其他中心或具有竞争力的地方区分开来，提高自身的竞争力。

### 2.3.3 经济分区特征及潜力分析

研究区的范围为由悉尼中央车站至伊夫利地区的铁路走廊所围绕的城市区域，以及周边的广阔区域。整体看来，计划认为研究区内通向中部和北部的交通较为便利，而南部和东部较为一般。研究区紧邻悉尼CBD、悉尼大学和悉尼科技大学，其用地性质形式多样。这些多样化的特点使研究区相比于悉尼其他中心有着更为独特的定位，计划认为研究区能够吸引众多的寻求非传统办公空间的行业，例如创意产业等。

根据《悉尼发展计划》（悉尼2036城市战略规划）中的内容，计划认为研究区可容纳CBD的扩展，即从北往南持续延伸。但是铁路走廊的存在，导致研究区内的各个地区与CBD产生了分隔，特别是中部地区。这种被分割的地区在发展上会受到限制，所以要特别注意目前已经建立的产业，这些产业被CBD的边缘位置和多样的用地性质所吸引，在规划上要重点关注。但研究区的总体位置十分优越，可以为许多行业提供服务，包括专业服务业、创意产业、创新产业、教育产业和城市制造业（尽管在减少）。这些行业各自都有相应的土地利用需求，而研究区用地性质多样这一特点，能够恰到好处地容纳这些行业。由于其规模很大，研究区不能定义为单个同质区域，计划将其分为4个独特的经济区，每个区都有独特的城市特征、机遇和发展潜力。以下分别说明4个经济区的特征和潜力（图2-6）。

（1）乌尔蒂莫至中央地区（Ultimo-Central Precinct）。它与CBD有最为紧密的联系，并承担将CBD扩展到中央车站或者更南边的地区的任务。这里为车站区域的优质高级写字楼开发提供了可能性。计划认为该地区与CBD联系紧密，将从中获得收益，并在更大的地区产业整合中获得一定优势。

（2）奇彭代尔至瑟里山地区（Chippendale-Surry Hill Precinct）。它的定位是与周边地区相适应发展，拥有吸引一系列创意产业的独特地区。该地区被中央车站往南的铁路从东西两边隔开，西部铁路线和克利夫兰街在该地区的南部形成了一个边界。该地区已经进行了一些重大开发，但是由于其过于细碎的街道格局和零散的地块分割，缺乏其他产业的发展用地和机会。计划认为该地区靠近中央车站，与乌尔蒂莫一样，和CBD也具有很高的联系度，因此可以成为悉尼创意产业的主要枢纽地区，并预测这种需求将持续增长。

图2-6　四大经济区的实际范围

来源：PLANNING SEA，2015.

（3）雷德芬至达灵顿地区（Redfern–Darlington Precinct）。它的东部地区分割规整，基本由100m×200m的小街区组成，且靠近雷德芬车站，正逐渐成为创意产业的主要发展地，并吸引了更多机构前往此处。西部地区靠近悉尼大学，吸引了大量人流。计划认为它的整体交通便利，地区特点更加多样化，住宅的开发遍布各处，且毗邻铁路站场的澳大利亚科技园（ATP）和一些与铁路相关的遗产。在进行创意产业布置时具有更多优势。

（4）滑铁卢地区（Waterloo Precinct）。主要是住宅区，由一些公共住宅所主导，并靠近比肯斯菲尔德（悉尼较大规模的工商业地区）。计划认为它是一个在悉尼公园、亚历山大就业区和北部地区就业区之间的一个住宅缓冲区，需要增加一定的商业功能。

## 2.3.4 分时递进的“视野”方案

研究区内的发展是层层递进的。首先，为了支持奇彭代尔至瑟里山地区和雷德芬至达灵顿地区的创意和智能产业的增长，开发地块应符合这些产业的广泛需求。其次，研究区在需求上与传统CBD所要求的专业服务不同，创意和智能产业往往会被租金较低、城市特色各异和商业建筑面积较大的地区所吸引。因此在初始阶段，对于这类地区应该进行更大程度的开发。该计划通过建立“三个视野”方案来综合考虑这种发展变化。“三个视野”分为3个阶段，每个阶段内都有相应的发展规划，最终构成了计划中确定的经济发展行动的基础：优先巩固，其次增强，最后转变。“三个视野”的每一个阶段，都假设在长期转换过程中，交付（体现了）了四个经济区的不同类型的开发。

### 2.3.5 四个经济区发展行动策划

对于研究区内的四个经济区，计划确定了若干经济发展行动。这些行动同样与“三个视野”的整体框架保持一致。经济行动规划建立在研究区以及更广泛范围内能够见证的主要行业趋势的基础上，并充分利用了每个经济区独特的基础设施资产和特征，确定了“三个视野”可能的发展时间和各类行动。以下说明每个经济区的“三个视野”方案。

1. 乌尔蒂莫至中央地区（Ultimo-Central Precinct）

第一视野：锁定近期更新和投资的收益。包括：提升整个地区的交通连通性；提升整个地区的舒适度，例如提升基础设施建设；鼓励创造性地使用在中央车站和更广泛的区域内的政府资产。

第二视野：促进办公建筑的发展。包括：审核适用于大型写字楼的基地；与主要的城市专业人士和业主在合适地点举办研讨会，以解决建设中遇到的障碍；促进这些地点的商业发展机会。此外，还包括制定解决方案和激励措施，以及准备计划书去推广该地区的发展。

第三视野：在中央车站提供一个新的商业和活动中心。包括：提供一个跨铁路车站的多用途发展平台，为铁路车站的综合开发作准备。

2. 奇彭代尔至瑟里山地区（Chippendale-Surry Hill Precinct）

第一视野：巩固现有的地区优势。包括：审查规划和许可条例，在适当的情况下能够减少现有建筑物内使用和活动中遇到的阻碍；研究地区内混合用途地块的重建，以及在住宅区中增加商业建筑的方法；保留奇彭代尔至瑟里山地区独有的地区特色文化产业。

第二视野：添加适当的文化设施。包括：在公共建筑和空间中寻求商店、美术馆、酒吧等建筑的创意设计方法。

第三视野：完善道路，连通各类用地。包括：将摄政街至克利夫兰街交界处（研究区东部——南北与东西道路的重要交界处）作为重点进行综合开发；在克利夫兰街的北部边缘建设商业建筑，以及改善更新德文郡街的隧道，提供更多的东西向走廊。计划认为这些开发都要考虑未来的发展，特别是与悉尼地铁的新走向。此外，还包括重建德文郡街上的社会住宅区，提升居民生活品质。

3. 雷德芬至达灵顿地区（Redfern–Darlington Precinct）

第一视野：拓展创意商业活动的机会。包括：发布一系列规划和经济政策，从政策上指导和完善现有的和正在增长的创意产业集群的发展；通过新的租赁安排，为威尔逊街的新南威尔士州铁路大楼提供创造性质的建筑用地；在地区内建立一个管理框架，以支持业务发展，例如业务提升区域（Business Improvement District，BID）或类似机制；与可能的创意产业主创者进行详细讨论，编制招股说明书；对地区内潜在开发点进行市场营销；作为混合使用权住宅开发的一部分，探索在Carriageworks（铁路站场旧址，现为创意空间）的西侧提供额外的工人住宿点，为开发人员提供便利。

第二视野：持续巩固雷德芬车站作为该地区的连接枢纽。包括：提供一座南北向的新桥，用于加强澳大利亚科技园（ATP）和达灵顿地区的联系，以及一个通往雷德芬车站的新入口；对雷德芬车站及周边进行再开发，在站台上方进行混合用途开发；与周边的大学和医院合作，在雷德芬车站周围或澳大利亚科技园（ATP）探索建立相关研究设施。

第三视野：在悉尼大学到滑铁卢区域内，创建一个公共交通、自行车和步行连接的活动道路。在该地区内的南北铁路走廊（穿过雷德芬和滑铁卢地区）设置“宜居绿色道路”，优先考虑从滑铁卢、雷德芬到达灵顿、悉尼大学和维多利亚公园以外的行人和自行车的需求；计划在未来持续恢复使用植物学路和吉本斯街的双向道路系统，将植物学路恢复为功能性为主的街道，增加道路的使用度；在铁路用地上进一步向南部连接。

4. 滑铁卢地区（Waterloo Precinct）

第一视野：确定潜在商业扩张的机会。包括：审查分区规划管制措施，使住宅区的就业用途更有相容性；在网上进行商业宣传，确定植物学路沿线的潜在开发点，沿植物学路转租一楼空置楼面。

第二视野：扩大本地商业发展的机会。包括：关注植物学路沿线和新车站地区的零售和商业发展；建立一个培训机制，在研究区建设期间和主要发展项目完成后协助当地居民就业。

第三视野：在悉尼地铁对此处的交通改善的基础上进行建设。包括：滑铁卢新建地铁车站或者将原有的交通改善，以促进滑铁卢住宅区的混合用地开发；聚焦滑铁卢车站周边的零售或其他就业机会。

### 2.3.6 潜在的商业面积和就业机会

“三个视野”构建了三个方案，每个方案都为研究区提供了不同的发展设想。

方案一使用每个地区“第一视野”的经济发展行动作为基础，提出一个商业发展的空间量。

方案二使用“第一视野”和“第二视野”。以此类推，每个视野内的发展都是不同的。“三个视野”进行了大量的小规模填充开发，以便为研究区作为创意产业目的地奠定了基础。“第二视野”和“第三视野”各自承担着不断增长的战略性长期发展，而“第三视野”更为特别，它假设了未来几十年，将发生高度的“阶跃变化”发展。图2-7说明了开发方案的结构。

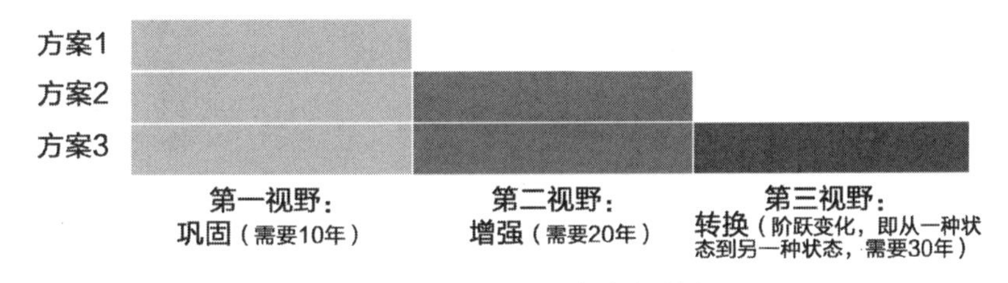


图2-7　三种视野的设想方案计划

来源：SGS Economics & Planning，2015

项目认为一些创意等相关工作可以在家里进行，即部分住宅建筑面积可以转换为商业用途，因此进行了一项模拟预测。项目拟将四个地区内的部分住宅建筑进行转换，转换比例为住宅建筑面积的10%。但项目同时认为，住宅比例过高的地区，例如乌尔蒂莫至中央地区反而不会实现这种转换，只有用地较为混合的地区可以进行。表2-1展现的是每个方案能够转换的潜在净商业建筑面积。而表2-2展现的是每个方案提供的潜在净新增就业岗位数量，这些就业岗位数量是参考整个悉尼市目前的就业岗位/工作空间面积的比例（每项工作占用20～25m$^2$），然后模拟应用在研究区得到的。

按地区划分的潜在净商业建筑面积（m$^2$）　表2-1

| 地区 | 方案1 | 方案2 | 方案3 |
|---|---|---|---|
| 乌尔蒂莫至中央地区 | — | 78000 | 228000 |
| 奇彭代尔至瑟里山地区 | 53342 | 56990 | 100382 |
| 雷德芬至达灵顿地区 | 77368 | 184408 | 198808 |
| 滑铁卢地区 | 61652 | 61652 | 61652 |
| 合计 | 192361 | 381049 | 588841 |

按地区划分的潜在净新增就业岗位 表2-2

| 地区 | 方案1 | 方案2 | 方案3 |
|---|---|---|---|
| 乌尔蒂莫至中央地区 | 5689 | 9589 | 17089 |
| 奇彭代尔至瑟里山地区 | 5784 | 5966 | 8136 |
| 雷德芬至达灵顿地区 | 6893 | 11165 | 11885 |
| 滑铁卢地区 | 3083 | 3083 | 3083 |
| 合计 | 21448 | 29802 | 40192 |

### 2.3.7 重视创意产业的集聚效应

计划在进行创意产业规划时，特别注重集聚效应。即企业位于一个经济活动密度较高的地区（通过就业数量衡量），可以通过获得广泛的客户群来实现较高规模的经济效益。

拥有这个庞大的客户群，企业就获得了规模经济的机会。随着客户数量的增加，企业将能够通过专注于特定领域来提高效率，此过程就称为“集聚”。集聚为企业提供了机会，使他们能够获得广泛而多样的技术工人。如此众多的公司聚集在一起，公司之间将进行高水平的技术、知识的转移，特别有助于加强创新。这种创新对于企业在竞争激烈的市场中生存有很大优势，也对计划内创意产业的布置起到重要作用。

### 2.3.8 项目关键问题及行动要点

#### 1. 项目需要研究的关键问题

计划认为，研究区有很大的潜力能够发展成为独特地区，其中涉及几个关键问题需要特别注意。

（1）研究区是多种用途的融合点。研究区位于CBD的边缘，靠近大学，公共交通便利，靠近市区内的就业地，具有许多经济和自然发展的特征及资产。计划认为研究区不仅仅是悉尼CBD的延伸地，因为铁路和公路基础设施之间的重大隔离，以及与其他中心的竞争，研究区应专注于其他中心无法吸引的用途。

（2）研究区的创意和创新产业正在显著增长，由于靠近CBD和其独特的城市特色，这些产业往往会被特定的建筑形式和城市特色所吸引，因此该计划预测研究区将成为悉尼首屈一指的创意和创新区。研究区内的澳大利亚科技园（ATP）是战略性的建筑，尽管目前尚未得到充分利用，但是未来，它能够大量植入商业用途，支持零售和更广泛的产业，将起到重要的商业展示作用。

（3）研究区与悉尼的主要大学联系紧密。悉尼大学和悉尼科技大学都在进行扩建，而雷德芬车站是众多学生出行的主要站点，因此供给学生住宅的数量需要特别研究。

发展将通过多种渠道进行，由于研究区中各种利益的复杂性，单一的发展机制并不适合。相反，一系列的合作伙伴关系可以带来长期的发展。这些合作包括：机构之间的合作关系（例如RPA和悉尼大学）；合资企业和公共私人企业的合作关系；政府间的合作关系，例如悉尼市与各州政府机构之间的关系等。

2. 更新计划行动要点

（1）没有单一的治理解决方案，不存在单个部门可以控制的研究区。计划认为，不同的经济发展行动需要不同的利益相关者才能实施。从地方政府到私人企业，每个利益相关者都需要合作进行开发。

（2）计划认为，研究区能够容纳CBD的扩展，但应保持在研究区的北部，其中对中央车站可能进行再次开发，将CBD与车站紧密联系起来。计划还认为每个铁路站点都有重大的发展机遇。特别在中央车站和雷德芬车站之间，有很大的潜力，并且能够提供混合用途的楼面面积。但是，这需要政府的支持和大量的资本投资。例如，对雷德芬车站进行重新开发，是对ATP、雷德芬与悉尼大学之间投资的一种催化剂。并非所有的商业开发都需要大空间，很多创意产业只需要较小的空间就能发展，但是对租金的价格非常敏感，通常需要租金较小的地区。而其他想要入住的很多机构则需要核心的商业区，它们不会被用地混合的地区所吸引，这点也需要注意。

（3）本地的特色产业应受到保护，靠近CBD并不是研究区就业增长的唯一驱动力。许多机构都对地区的特色感所吸引，对特色产业的保护，对于吸引未来的创意产业的投资十分重要。“三个视野”方案取决于政府和其他部门的支持程度，虽然较低规模的开发可以通过填充式开发进行，但是更高的开发需要政府对于基础设施的大力支持。

计划认为整个开发的过程是长期进行的。为了证明第二视野和第三视野的发展是合理的，需要提供大量的就业机会和巩固初期的楼盘开发。这些都需要大量的实践和持续性的开发。

### 2.3.9 经验借鉴

1. 详细的前期预测

计划对地块及地块周边进行了详细的研究和预测，特别是研究区内的地块功能、产业发展趋势等方面。计划认为原有地块的功能往往会受到各种冲击，发生变化。因此，计划通过准确的调研和预测，最终确定各个地块的最终使用功能，包括主要为创新产业和创意产业等提供土地，并且需要进行填充式开发等。详细的预测往往能使得该地块的功能被准确地利用，并提升整个项目的效益。例如，研究认为创意商业的占地面积不需要过于集中，并非所有的商业开发都需要位于大型的地块中。许多创意商业只需要很小的空间，但是需要低租金的支持。而居住区的地面空间拥有灵活的转向性，能够很快变为优质的商业地面空间。

发展趋势的研究影响很多方面。计划认为研究区虽然具有很多优势，例如靠近CBD、创意产业发展迅速、交通便利等，但是同样面临周边多中心的竞争。因此研究区想要顺利发展，还需要巩固自身的独特优势或特色，这点十分重要。

### 2. 四个经济区和三个"视野规划"

研究区面积广大，且用地性质复杂。计划将研究区分为了四个主要经济区，分别制定不同的发展策略，以及提出统领全局的"视野规划"。"视野规划"确定了每个经济区的经济发展行动，并建立在充分进行行业趋势研究的基础上。这些行动规划了每个经济区需要的发展工作和其他相关建设措施，预测了交付（达到要求）的时间表。"三个视野"规划主要分为三个层次进行，每一层都在前一层的基础上进行灵活变通，而最后的"第三视野"是战略性的规划，时间跨度甚至要达到30年以上，周期十分漫长。

计划利用了每个经济区独特的基础设施、城市资产和地区特征，认为整个研究区的发展将从第一视野的小规模填充开发开始，巩固地块现有的优势，不断往第二、第三视野发展，最终达到长期的、可持续性的发展目的，这些都十分值得我国城市的借鉴。

### 3. 重视合作关系和聚集效应

计划的发展将通过多种渠道进行，应重视各项利益方的合作关系。计划认为一系列的合作伙伴关系可能带来长期变化，有助于地块的持续性发展。例如：机构之间伙伴关系、公共私人伙伴关系，政府间合作关系等。这些合作关系将会提升城市更新的成功率。并且，计划在总结各类问题和经济发展行动的基础上，分析各类提升效益的方式，例如集聚性、提高本地特色产业等。各种发展方式的确定能够确保效益的良好提升。

# 2.4　日本东京多摩田园都市沿线一体化开发

## 2.4.1　背景概况

20世纪60年代，日本经济正在高速发展，人口大量涌入首都东京。由于当时就业岗位、住宅分布过度集中于东京市中心，因此出现了一系列城市问题。这些问题促使日本政府联合民营企业，开始进行大规模的新城建设。东京的多摩田园都市开发就是其中之一，它由私营企业——东急集团主导开发运营，是典型的轨道交通沿线一体化开发案例，并且成功实现了新城与轨道建设的协调发展。

多摩田园都市位于东京都市圈中心以西的多摩丘陵地区，包括东急田园都市线从中央林间站至梶谷站的沿线区域，横跨川崎、横滨、町田、大和4个行政市，从1953年开始建设，开发总面积约5000hm$^2$（图2–8）。至2017年，多摩田园都市的人口从初期建设的1.5万人增长至约62万人，是日本目前以民间为主导的最大规模土地开发案例[①]。多摩田园都市沿线的土地开发不仅使得东急运营收益增加，同时带动了该地区人口和经济利益增长、税收增加，实现了企业和政府双赢。多摩田园都市项目开发集公园、教育、医疗和文化设施等多种功能为一体，将综合性的城市基础设施建设作为开发的核心思路，沿田园都市线展开均匀性的地域开发。在站区开发方面，以各个站点为中心，注重站点地区的繁华度和交通可达性。除了致力于对城市功能和基础设施的完善之外，项目还致力于丰富沿线居民生活方式、提供多样的生活服务。

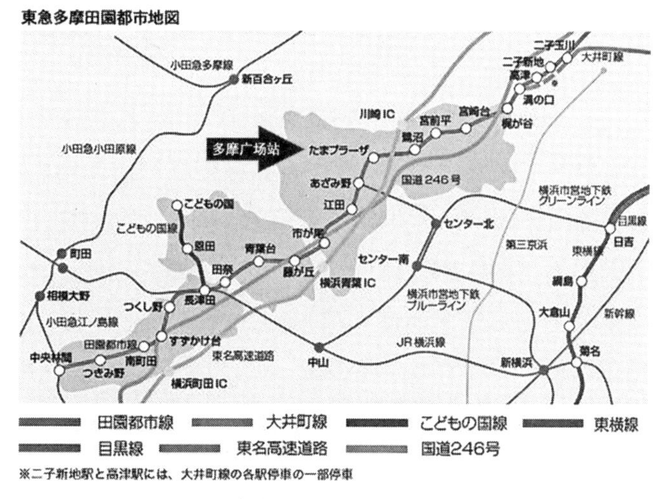


图2–8　多摩田园都市开发区域范围示意

来源：东急电铁官网，https://www.tokyu.co.jp/company/business/urban_development/denentoshi/

① https://www.tokyu.co.jp/company/business/urban_development/denentoshi/

### 2.4.2 东急集团及其开发方式

东急集团始建于1922年，是一个以东京急行电铁（主要营运来往东京都与神奈川县西南部的多条铁路线）为核心企业、由200多家公司组成的集团公司。截至2016年，集团拥有轨道交通线网105km，服务人口达到534万。集团将建立在交通设施基础上的“街区建设”作为骨干事业，常年从事不动产、生活服务、酒店等与日常生活密切相关的各领域业务。作为具有代表性的日本私营铁路公司，东急集团在建设和运营铁路之余，也对站点和轨道沿线的物业进行开发运营，形成了多元化经营的商业模式，这种模式使集团成功地获得了相当多的收益支撑其铁路沿线的可持续开发①。

东急集团自1953年起，在土地整备、区域规划、开发建设、销售租赁、物业运营上形成了全产业链覆盖，并实现了产业品牌化经营，完成了从铁路公司到城市综合开发运营商的转型。

在进行站城一体化规划建设时，东急集团采用分阶段项目开发方式，将车站作为区域中心，首先预留车站周边黄金地块，对保留地块周边进行住宅开发及配套设施建设，提前对入驻商业地块的客户进行洽谈锁定，充分利用集团的产业品牌资源在保留用地周边进行整合开发；待保留地块周边形成一定人口规模后，再对保留地块进行一体化开发，这样能够极大减少土地成本，以保证项目在财务、功能定位及后续运营上的可持续性。

东急集团的经营业务范围非常多元化。除了传统的交通和房地产之外还涉及城市生活的方方面面，例如学校、医院、休闲娱乐等。根据东急集团2004～2019年的财务公开年报数据，生活服务类业务运营收入最高，能够支撑东急集团的现金流（负责日常经营活动的重要资金来源）；而不动产和交通业务运营利润最高，是东急集团利润的主要来源。自2015年以来，东急集团对不动产投资稳中有升，尤其在2018～2019财年，因涩谷站周边新增的城市更新项目，相关不动产投资及酒店业务均有持续性的增加（图2-9）。

多摩田园都市作为东急都市开发项目的代表，在开发方式上亦有创新。为了展示东急多摩田园都市的城市视野，东急集团提出了以“一站式代理服务”和“配对城市计划”（ペアシティ計画）开发方式为主，极大地加速了开发进程②。

---

① 东急电铁官网，https://www.tokyu.co.jp/company/business/urban_development/denentoshi/

② 同上。

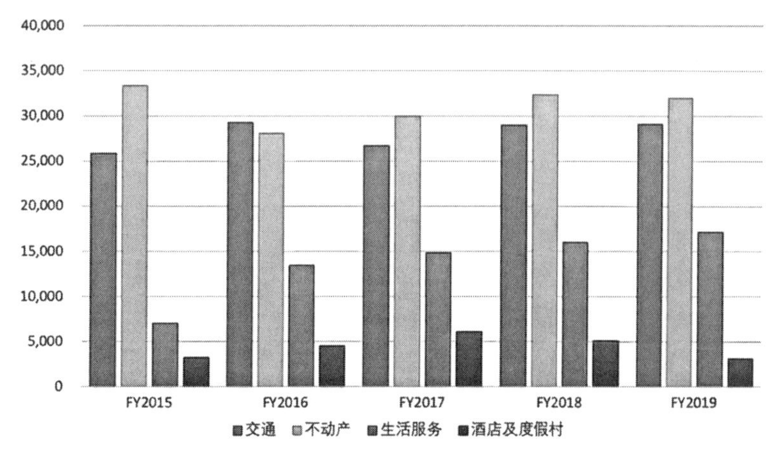


图2-9　2015～2019年东急集团运营利润

来源：东急电铁官网，https://www.tokyu.co.jp/company/business/urban_development/denentoshi/

1.“一站式代理服务”

一站式代理服务是指，一个企业/开发集团囊括整个业务，负责处理业务中的多个工作。一站式代理服务在多摩田园都市中是指在一般情况下，区域规划项目是由土地所有者共同组成的团体推进的，包括从银行等处获得贷款和与政府进行协调等。然而，大部分土地所有者通常并不熟悉这些业务，即使与专家合作也需要花费相当多的时间和精力。为了加速开发，东急电铁向土地所有者提议——将土地所有权转让给东急，作为条件，相应的开发费用将由东急全额承担，包括施工设计、管理和团体运营在内的事务也由东急承办。这无疑能够在很大程度上提高都市开发的效率。目前一站式代理服务作为一种集体代理方式，已成为日本区域规划项目的常用方法之一。

2.“配对城市开发计划（ペアシティ計画）”

1966年，东急集团宣布了与“东急田园都市线延长线”这一工程所对应的一个城市开发方式，即“配对城市计划”。在该计划中，城市被看作是由3种“据点”（拠点）和3种“网络”（ネットワーク）构成的，两者共同构成了开发途径（チャンネル）。

3种“据点”分别为：广场（プラーザビル），即主要的交通枢纽基地，设有能满足住民需求的大规模综合设施，将被设置在田园都市线的主要车站位置；村落（ビレッジ），即由300多个住宅和商业、公共服务设施组成的综合体；交叉点（クロスポイント），即开发初期，在生活道路交叉口处为附近居民提供基本商品销售服务的设施。

3种“网络”分别为：交通（交通），即由步行者、自行车、机动车、铁路轨道和停车设施构成；购物（ショッピング），即将现有商业街延长成线状，

或通过连接交通枢纽与主要商业设施，形成一个带状商业区；绿地（グリーン），即由绿地、河川、公园、神社、文化设施、公共空间等设施，以及连接这些设施的街道构成。

这个开发计划从一开始就不决定城市的最终形态，而是通过利用3种“据点”和3种“网络”，在进行某种程度的计划性开发后，根据实际情况再追加必要的城市功能，这样能形成既有规划性又有自发性成长（自然产生的住宅）的城市。计划认为，这样的都市同时具有完善的城市功能，也有自然发生的功能，如同渠道、系统、引导(チャンネル)一样，逐步自发性扩展，更加宜居。

### 2.4.3 多摩田园都市沿线开发效益

多摩田园都市沿线土地开发不仅使得东急运营收益增加，同时带动该地区人口和经济利益增长，税收增加，实现企业和政府双赢。1970～1990年以来，东急开发的地块内人口增长了一倍，人口、经济收益稳步增长。2010年，东急营业收入占据了多摩田园都市的经济市场的23%，沿线开发对当地经济的贡献非常高（图2-10）。

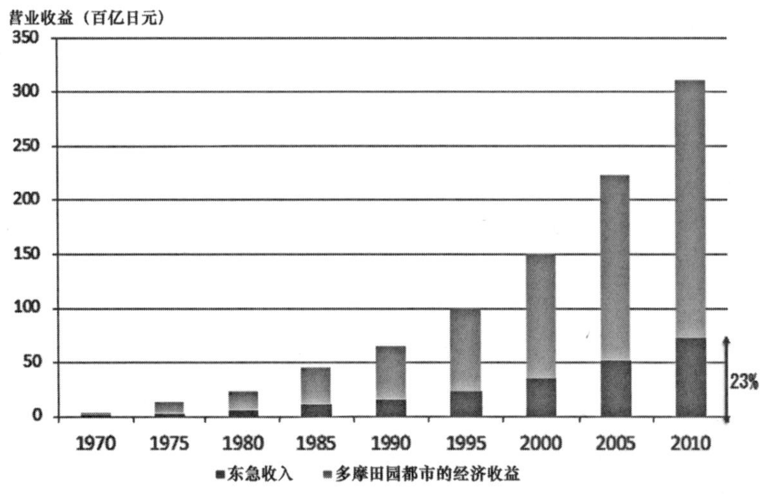


图2-10 多摩田园都市的经济收益和东急集团的营业收益的对比

来源：一览众山小. 东急TOD新作快报②[EB/OL]，2020

### 2.4.4 多摩广场站的开发及特点

多摩广场站为东急田园都市线主要站点之一，位于多摩田园都市的中心位置，定位为以车站为核心的大型商业综合设施，占地87819m$^2$。多摩广场站的开发规模为地上3层、地下3层，建筑面积达到112500m$^2$。站点日均乘客数达到76000人次，还获得了2010年铁道建筑协会最高奖，是东急集团一个十分成功的站城一体化开发项目。

1966年，多摩广场站建成使用。1986年，日本成立了开发委员会，对多摩广场站进行了一体化商业项目的开发，用25年时间对车站地区进行改造。2007年3月1日，多摩广场站的站南商业正式开业，并通过天桥连接成功实现了人车分流，方便了人员出行。2013年3月中旬，和多摩广场站一体化开发的东急公寓上市后迅速售空，充分体现了人们对该地区的看好程度。并且，多摩广场站一体化商业项目建成后，每年销售额超过了500亿日元（约合人民币30亿元），开发效果十分明显。

多摩广场站的开发是典型的老站改造项目，如何解决车站南北地区发展不均衡，并把铁路客流转化为商业客流，是开发建设时需要考虑的重点。东急集团在开发时，将车站和商业设施一体化建设，把车站的检票层与商业设施、广场建设成无缝对接，充分引入地铁带来的人流，让他们方便快捷地进入商业地区消费。而商业带来的人流会优先利用地铁出行，这样商场和车站形成双赢的局面（图2-11）。

图2-11　多摩广场站平面开发功能示意

来源：作者基于百度地图改绘

作为多摩田园都市沿线开发的典型车站，具有多个特点。

1. 车站与商业综合体一体化衔接

2006～2009年，随着多摩广场站周边地区再开发，东急对多摩广场车站进行了全面的改造，车站结合商业设施形成3层高的建筑综合体，大部分车站的月台被人工地面覆盖形成半地下结构。此外还设置了新的楼梯以及电梯，用来连接站厅层与站台层，从而实现了人们出行的无障碍化。

通过紧密围绕车站进行有序的商业一体化开发，多摩广场站形成车站与商业设施的无缝衔接，恢复了原有被铁路割裂的南北区域的直接联系。并且在商业区内直接设置车站的出入口，增加交通衔接。同时，通过无障碍天桥等交通设施加强与周边建筑的衔接，有效促进城市客流与铁路客流之间的转换。

2. 完善交通设施，提升服务品质

东急集团提出，要将多摩广场站的交通广场作为地区的重要交通节点进行完善，强化既有道路网的功能。首先，为了实现步行空间的网络化，整治修改了原有的道路网络。其次，为了保证步行人群的舒适性，将对人行道和广场等进行修缮或重建。整个开发将原有地面停车场及南北交通广场重新设置在商业建筑的地下空间，这样既能节约土地资源，又可以对人车进行分流。东急集团还对停车场进出方向、停车路线等进行规定，并提倡在节假日及周末使用轨道交通和巴士等公共交通，从而减少因私家车停车造成的道路拥堵情况发生。停车场新增约480个车位，设置在商业建筑底层，用来解决周边的停车问题。

3. 多样化公共配套服务，应对人口结构变化趋势

在高龄化的背景下，开发商往往要考虑老龄化所带来的各项需求，除增加老年公寓等住宅供给外，东急集团通过增加多样化的公共配套服务，例如增设医疗机构和老人服务设施，有效应对了郊外住宅区的老龄化问题。

4. 场所营造促进周边居民交流

东急集团在规划设计时，充分考虑了场所的营造，希望多摩广场站的开发能够促进周边居民的交流，并成为他们喜欢去的一个公共活动场所。在功能布置上，东急集团面向大众设置了时尚商铺、百货商场、咖啡餐厅等业态的商业设施；设置了健身中心、文化交流中心等公共设施，促进居民的交流。并且，车站前的广场将定期举办商业活动，吸引客流和当地居民前来游玩。

### 2.4.5 经验借鉴

1. 站城一体化有序引导新城开发

东急的多摩田园都市始终保持“站城一体化”模式，并且城市开发与线路建设同步进行。田园都市线作为连接多摩田园都市和东京核心市区的交通动脉，极大程度提升了沿线居民的出行便利性，因此更多的人们愿意前往多摩田园都市居住和生活，沿线人口稳步上升，在1984年就突破了计划人口的38万大关，相比1953年开发初期的1.5万人，增加了25倍。多摩田园都市的发展有别于城市聚集主义下的无序蔓延，而是以轨道交通为导向，有序组织新城开发。在日本私营铁路公司的带动下，人口和土地开发活动被集中到轨道交通沿线区域，伴随着站点周边配套设施的完善，城市功能得到有序的阶段性扩增。东急集团针对多摩田园都市内的不同区域特点，辐射范围大小，采用不同密度的

TOD开发模式，重视公共空间营造，没有一味地追求高密度而牺牲了公共生活的品质。此外，东急集团充分协调交通规划和土地资源利用，有计划性地进行开发建设，为长远的发展和更新作足准备。

2. 提升东京市中心至新城的直达服务

多摩田园都市能够成功开发的关键原因之一，就是沿线区域前往东京都心（东京核心区域）的便利交通。人们乘坐东急田园都市线的特急班次从郊区终点（中央林间站）前往东京核心商圈涉谷，能够无须换乘一线直达，并且31.5km的路程仅需34min，从根本上提升了出行质量和效率。此外，直通运行使得郊区铁路路线可以和东京都内的地铁的直接贯通运营，从而大幅减少换乘次数，缓解枢纽客流压力。

3. 给未来增长预留灵活空间

东急集团在新城规划中，会特别注重考虑有增长潜力的地区，预留出相应的战略性储备用地。同时，开发注重合理的时序，即随着人口逐步增长和城市扩张，东急集团会逐渐扩容车站设施、商业综合体或配套设施的规模，进而提升整个多摩田园都市沿线轨道交通的服务水平，使新城开发与人口增长速度能够同步进行，从而避免新城的超前建设可能带来的各种负面问题，城市的开发也更加合理有序。

## 2.5　日本东京涩谷站中心地区基础设施更新建设

### 2.5.1　背景概况

1955年日本经济开始高速发展，城市人口激增并向东京、大阪等大城市迅速集聚。20世纪90年代，日本城市发展逐渐由大规模开发建设向城市更新方向转变，对城市相关地区的基础设施进行重新建设、改造和维护，进而激发地区的活力，成为日本政府十分重视的城市事业。以东急集团为代表，许多私营企业在东京开发出多个令人瞩目的城市更新项目。这些项目多数与铁路相关，并充分运用TOD理念，取得了很高的收益。涩谷站的开发就是其中典型案例之一。涩谷是东京重要的城市副中心之一，涩谷站集中了4家轨道公司的9条线路，每天换乘人数超过300万人次，客流量居世界第二。但由于涩谷车站自大正时代（1912～1926年）开始就反复扩建，且轨道线路所属公司不同、建造时期不一，不仅部分线路之间换乘不便，还占用了城市用地，导致步行空间不足、交通混乱等问题。此外由于铁路的穿过，车站与城区被隔断，出现了交通网联络不畅、建筑物老化等问题，导致其在1999～2016年之间，客流逐年下降。

随着东京城市更新序幕的拉开，东急集团以涩谷站为重点进行了TOD项目开发，将新干线、铁路、地铁和公交等交通方式进行一体化建设，并通过各类设计紧密联系了周边的建筑和自然环境，全面改良了涩谷站的交通情况，大幅提升了地区的人气和活力。首个项目是综合体涩谷Mark City。该项目灵活运用银座线（东京地铁线路之一）的车辆检修基地、公交专用道路，以及部分铁路的上部空间，贯通了办公、铁路和地铁车站等，塑造了涩谷的城市新空间，获得“Good Design Award建筑奖”。项目获得成功后，为支持涩谷站进一步发展，2005年12月，日本将其列入“都市再生紧急整备地域”，即优先进行城市更新改造的地区。2007年9月，政府根据涉谷区城市更新计划，联合都市再生委员会制定了《涩谷站中心地区基础设施更新建设导则2007》，对更新建设提供了重要指导。2011年3月，政府审视了不足之处，重新修编制定了《涩谷站中心地区基础设施更新建设指导方针2010》。2012年10月，在原方针的基础上，政府再次调整制定了《涩谷站中心地区基础设施更新建设指导方针2012》，增加了提升文化功能、国际影响力和防灾功能等内容，以应对涩谷站未来开发的全新需求和蓝图（图2-12）。

图2-12 更新建设后的涩谷周边是东京最繁华的地带之一

## 2.5.2 更新目标及规划策略

涩谷拥有悠久的历史，同时还是日本新文化和潮流时尚的发源地。以涩谷站为中心1000m的半径内，汇聚了至少4所大学、众多的大使馆和多种文化设施。在进行TOD开发时，政府要求保持涩谷独有特色，以“向世界开放”为目标，寻求建设“生活文化的发源地”，大力弘扬生活文化功能，宣传涩谷的时尚优越性和多样化生活，将涩谷站打造成为与生活密切相关，多样、活跃、时尚的尖端文化据点。

具体而言，政府通过基础设施的更新建设，促进步行平台、商业广场的开发，强化沿街商业活力，建设让各类人群都能使用，并与自然环境和谐共生的街区。政府要求将涩谷站打造成具有“涩谷味”“涩谷魅力”的独特信息发送和传播点。为实现目标，政府提出了7项规划策略，具体包括：以涩谷站为起点，开始向外扩大“涩谷文化”的影响力——形成东京生活文化的创造发送据点；凉爽的山谷——特别注重使用绿化和水体，在街区中创造良好的自然环境；建设富有趣味城市走廊——将涩谷站建设为一个富有乐趣的城市空间，确保每个人都可以四处休闲；建立以人为本的街区——通过重组街区和加强交通节点功能，创建舒适的步行环境；建设一个更加安全的街区——通过重组街区和基础设施更新建设，打造了一个抗灾防灾，犯罪率少，安全有保障的街区；增强涩谷魅力感——通过打造具有涩谷魅力的广场、道路和建筑，建设涩谷独有文化的街道等方面，全面增强“涩谷魅力”；打造共同成长的社区——通过建设合作社区实现和加强涩谷的未来形象。

### 2.5.3 更新建设内容及要点

相比于《涩谷站中心地区基础更新建设导则2007》的指导方针，《涩谷站中心地区基础设施更新建设指导方针2012》不仅增加了防灾减灾、环境提升、国际化影响力提升等新兴对象，还特别强调了人与自然的关系，重视人性化设计，确保车站和周边的安全性得到质的提升。在规划设计上，注重各个交通方式的合理衔接，确保步行者能够放心安全地使用各类设施。总体更新建设内容包括车站设施、站前广场与道路、行人道路、机动车与非机动车停车场、河流与下水道、防灾、环境和国际化这八类对象。

（1）车站设施。通过对部分车站站台进行并行化和岛式化处理，提高车站设施的抗震性；对部分地面/高架轨道线路做地下化处理，扩充部分换乘通道，增加检票口，以提高铁路线路之间的换乘便利性；扩大部分道路的交通节点功能，形成舒适的车站空间。

（2）站前广场及道路。对部分广场进行扩充，建造一定规模的地下广场，形成安全舒适的行人活动区；重新设计东西两个方向的公交场站，对部分机动车线路进行地下化处理，重塑交通节点，扩建和修复部分道路，以缓解地面拥堵。

（3）行人道路。重新建设东西互通通道，重塑被铁路分割的行人道路，确保连续性和一体性；利用街区的实际开发，将多层的行人道路无缝连接到地面；对部分坡地进行改良，提供更舒适的步行环境。

（4）停车场。重新整理和修复停车场道路，适当限制停车场的停车数量，减轻涩谷站附近的交通负荷；扩充非机动车的停车场地，同时配备合适数量的停车设施；利用东京地铁副都心线和东急东横线的上部空间（地下部分）建设停车场以扩充停车容量。

（5）河流和下水道。建立与城市融为一体，利用河川在内的充满魅力的自然空间，创造一个热闹而富有魅力的涩谷川；利用东广场下部作为地下广场和通道，以修整雨水存储设施，实现防汛安全、令人安心的城市建设；设置了透水性铺装等防止雨水流出的设施。

（6）防灾设计。建立临时收容场所、储备仓库等，准备灾害时可以使用的防灾设施；提供信息设备，留意特别困难人群，全面强化防灾功能；健全管理运营体制，制定城市型水灾的相应措施，加强灾害时的信息发送及联络功能；修整建筑和广场等地下空间的防渗水设备，提高建筑抗震性，确保分布式能源供应（图2-13）。

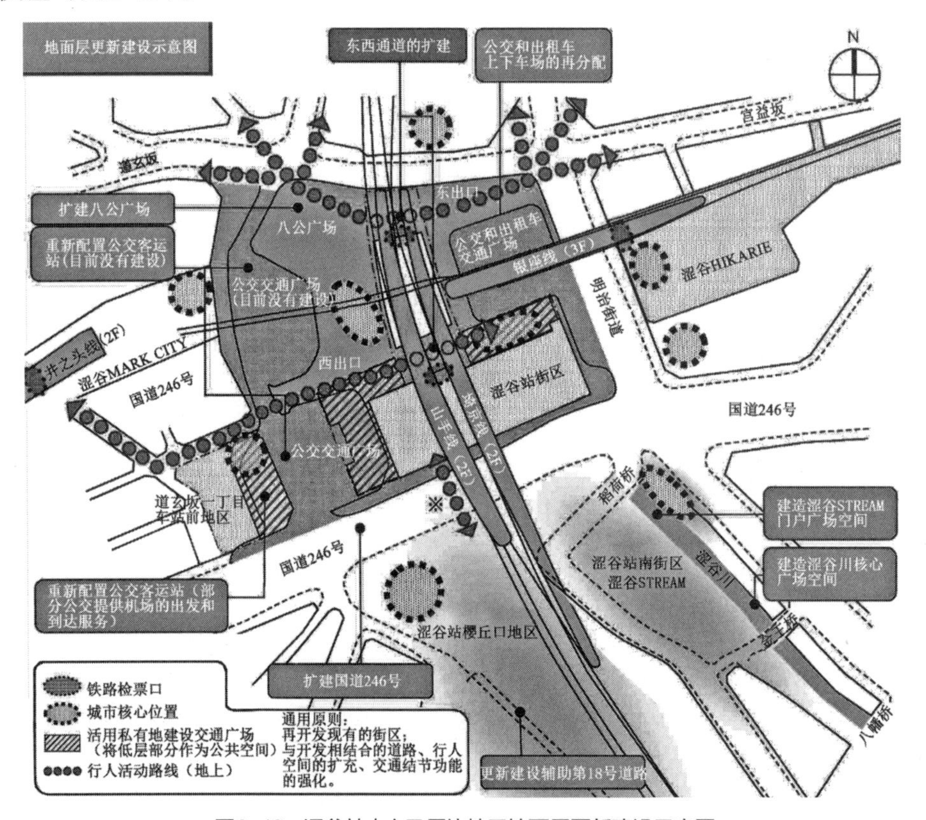


图2-13 涩谷站中心及周边地区地面层更新建设示意图

（7）生态环境。要求在眺望点提高绿视率，建立多层绿地，推进下水道的生物质能活用，通过绿化和水来强化城市新能源的利用。以著名建筑涩谷STREAM为例，它是在旧东急东横线涩谷站和原有地上2层高架线路原址上所建设的大型TOD再开发项目，并对原址周边的脏水沟——涩谷川进行全面的环境改造，重新设计了河流沿岸的散步道等，开发了约600m长的绿植丰富的河畔生态步行街，完善地下二层至地上三层的步行道路。沿着该道路，能感受到涩谷川的绿意与水的滋润，以及充满活力和商业氛围的空间。

（8）国际化。在东京羽田等国际机场，强化信息发送功能，将涩谷特有的产业进行集成和培养，增强国际化交流和文化发布功能；积极建设城市信息系统，包括多国语言的观光介绍、生活支援等功能；建设能够担负着各类人群的交流、信息发送和举办活动的空间；对国内外游客在交流观光、生活支援、住宿设施上提供帮助。

此外，以涩谷站为中心，东急集团对周边9个重要地块逐步进行了详细开发。以涩谷HIKARIE这栋大型复合商业建筑为例。整个建筑有步行平台和地下通道与涩谷站直接连通。地下三层至地上五层为购物中心，约有200家店铺。在十一层至十六层有高级别的“东急THEATRE Orb”大剧场，总客座数达1972个。再往上的高层部分配备了充足的办公商务空间。独特外表、复合型构造和功能，使其成为涩谷的地标性建筑，受到人们更广泛的关注和喜爱。

### 2.5.4　经验借鉴

#### 1. 政府的政策支持和开发商的成熟运营

日本政府完善的政策支持是涩谷站成功开发的重要因素之一。作为日本近年来最大的城市更新项目之一，政府为了促进城市更新和土地的进一步利用，出台了多部相关政策、指导方针和多种支援措施。例如在部分规划指标上，允许更加灵活的设计来消除通常情况下的一些限制。此外，在法制、财政、金融和税收上都提供了相应的支持政策，包括对打算进行城市复兴事业的人设立相关的城市计划提案制度；对于城市基础设施的更新建设提供集中而密集的财政支持；对相关项目进行金融上的支援；对部分税率进行了折中降低等（日本国土交通省，2011）。

#### 2. 复合型、一体化、层层推进的开发理念

涩谷站的更新建设是日本一体化交通枢纽设施高密度开发的典型案例，东急集团在开发时，将政府服务点、商业、住宅、商务等多个功能植入其中，从涩谷Mark City到涩谷HIKARIE等重要建筑，都体现了其功能复合设计的特征。

整个项目从车站设施、站前广场、防灾、国际化等8个方面进行了详细的规划与建设，在车站周边新建了多个具有地标性的建筑。在车站与周边一体化的衔接上，项目将铁路车站、公交场站、停车场等交通设施进行一体化建设。特别是在周边的重要商业、商务建筑上，涩谷站通过地下通道直接将车站出入口设在建筑内，增强了相互联系。在地面平台的建设上，项目以行人为中心，贯通了东西广场的步行道路，使得行人能够畅通、安全地使用整个街区道路。

此外，更新建设也是一个层层推进的过程。无论是在规划还是建设上，都具有很高的关联性。各开发主体的联动、街区的建设、维护和管理等，都需要进行较为长久的开发并注重多方协调。东急集团在开发中始终保持一体化交通建设和功能复合的高密度开发，强化了地区的活力，吸引了大量人流，最终使收益能很好地返回到车站的整体建设中，从而创造了一个良性的、可持续的开发模式。

3. 宜人的公共空间和自然空间

涩谷站在更新建设中非常重视环境的塑造和公共空间的设计。东急集团以涩谷STREAM为起始，对原来充满了脏乱和荒废感的涩谷川进行了整体的环境改良，将河道进行了全面重塑，最终建设了一个适合步行游玩、充满绿意的生态步道，吸引多个重要企业搬迁至此。此外，在多个公共空间和广场上，更新建设全面强化视觉景观和各类设施，创建热闹和时尚的环境，吸引人们前往游玩。开发重视防灾功能，使得人们能够安心、舒适地使用车站。这些环境和空间的塑造，使得涩谷站的更新建设具有重要的社会效益，充满了生活文化感，而不是单纯的商业建设。

## 2.6 新加坡城市与交通一体化规划

### 2.6.1 背景概况

新加坡是亚洲最重要的金融、服务和航运中心之一。2019年，新加坡人口为570万，国土面积为719.9km$^2$，人口密度高达7796人/km$^2$，仅次于中国澳门地区和摩纳哥，是典型的高密度人口城市。

为了解决人们的出行问题，新加坡致力于打造世界级的公共交通，提供高标准的公共交通服务，促使人们使用公共交通出行。新加坡的公共交通十分发达，其公共交通主要包括大众捷运系统（MRT，截至2014年，长度153.2km，日运送276.2万人次)、城市轻轨系统(LRT,截至2014年,长度28.8km,日运送13.7万人次)、公共汽车系统(Bus,截至2014年,有357条线路,日运送375.1万人次),以及约2.77万辆出租车。高效、方便、快捷的公交系统,使得新加坡居民出行选择公共交通的比例快速增长,现状高峰公交出行比例占到67%。为了应对未来增加的出行需求,新加坡以提升公交出行比例为目标,持续提供更有吸引力的公交服务。例如,2013年的"新加坡陆路交通总体规划"中提出,在未来15年将扩展轨道交通网络达到360km,在2030年提升高峰公交出行率到75%(陆化普 等,2019),比例十分可观。

### 2.6.2 交通规划与城市规划的协调机制

在新加坡,交通规划和城市规划的相互配合是新加坡一体化交通成功的关键因素之一。新加坡的城市规划和交通规划是由城市重建局(URA)和陆路交通管理局这两个不同部门分别承担的。新加坡城市规划采用概念规划(每10年修编一次)和总体规划(每5年修编一次)的二级规划体系,在概念规划层面上,交通部全程参与编制并主导交通规划,在总体规划层面上以陆路交通总体规划进行支撑,概念规划在宏观层面上突出战略性和远景化,总体规划和陆路交通总体规划在中微观层面上突出实施性和具体化。陆路交通管理局与城市重建局的紧密合作,使交通规划与土地规划结合,交通设施与建筑综合开发,确保预留未来交通用地,交通基础设施及时到位,同时从根本上降低机动出行距离,促进公交使用,减少对小汽车的依赖①。

新加坡的陆路交通规划和城市规划的协调主要在两个层面。首先,在概念规划和总体规划层面,陆路交通管理局参与概念规划和总体规划的制定,并提出相应的要求和意见,这使得城市土地利用规划能够考虑交通的需求;城市规划为交通基础设施如地铁线路预留用地,以减少可能面临的用地矛盾(若有少数情况土地已被利用,则政府依法以市价进行征收,保障交通设施的用地);在商业密集和高密度住宅区规划公共交通的基础设施;在公交枢纽周边规划较高密度的开发,推进TOD开发。在具体的实施层面,公交枢纽周边的地块售卖前,陆路交通管理局在相应的投标文件中纳入要求,比如预留地铁出入口、24小时通道、空调公交换乘站、无缝衔接需求等;同时在"发展控制"的审批环节中,陆路交通管理局也会对相应的交通要求进行审批,以保障陆路交通规划的实施。

① https://www.lta.gov.sg/content/ltaweb/en.html

### 2.6.3 轨道交通引领新市镇的发展模式

新加坡地少人多，政府规划了新市镇作为高密度发展、有机联系城市轨道交通系统中的节点单元，充分展现了TOD模式的理念。新加坡规划的新市镇距离市中心商务区约10～15km，是一个合理的通勤距离，并且配合廊道上的大运量交通模式，打造土地混合利用和高人口密度的廊道式分布，简而言之，新加坡利用地铁将25个分散的新市镇全部串联起来，实现轨道交通导向的城市空间良性发展。

在新市镇的规划布局中，每个新市镇基本会有1～2个地铁站穿过镇中心，镇中心配合公交、轻轨换乘，提供高效、便捷、舒适的公共交通出行。同时，配备完善的商业和社区服务设施满足人们的日常生活需求，并设置一定的开敞空间供人交往。建筑布局围绕邻里中心，采用高容积率开发模式，在内部设有便捷的步行和自行车交通系统，倡导绿色交通概念，便于多种交通方式的接驳，通过步行系统的设计连接各个住宅组团。

#### 1. 新市镇的标准规模与结构

新加坡的新市镇规划具有统一的标准和结构，一般分为3个等级结构：新镇、社区、邻里（表2–3）。可以看出，各级结构等级分明、配套合理。新市镇都是由政府统一规划建设，面积约700～800hm$^2$，以容纳20万～30万人来设计。

新市镇三个等级结构规模　　表2–3

| 等级 | 城镇 | 社区 | 邻里 |
|---|---|---|---|
| 面积（hm$^2$） | 700～800 | 60～80 | 8～10 |
| 人口（万人） | 20～30 | 2～3 | 0.3～0.4 |

每个新市镇都设有镇中心，公共交通枢纽（含地铁站和公交换乘站）与镇中心结合设立，用地规模约25hm$^2$。配套的公共设施主要集中于镇中心及其周围，这些较大型设施服务半径约2km，可涵盖全镇。典型的新市镇的配套公共设施有：学校、办公、商业、餐饮、娱乐、邮政、诊疗所、图书馆、游泳中心、室外体育中心、室内体育馆、宗教设施、镇公园等。

#### 2. 新市镇的土地利用控制及策略

新市镇镇中心与地铁站结合的公共中心用地基本以商业为主，居住、办公为辅。地铁站设在新市镇的中心商业区，且公交换乘站与地铁站连在一起，地铁和公交抵达的商业中心确保了商机，而商业中心的人潮也确保了地铁和公交的客源。有地铁和公交车直达的新市镇商业中心因为交通便捷成为居民休闲、娱乐、购物、餐饮、个人服务等各式各样需求的生活中心。新市镇商业中心一般有1～4个大型的旗舰百货公司，再搭配相当数量的小型商店，适合服务20万人口、5万～6万户家庭（图2-14、图2-15）。

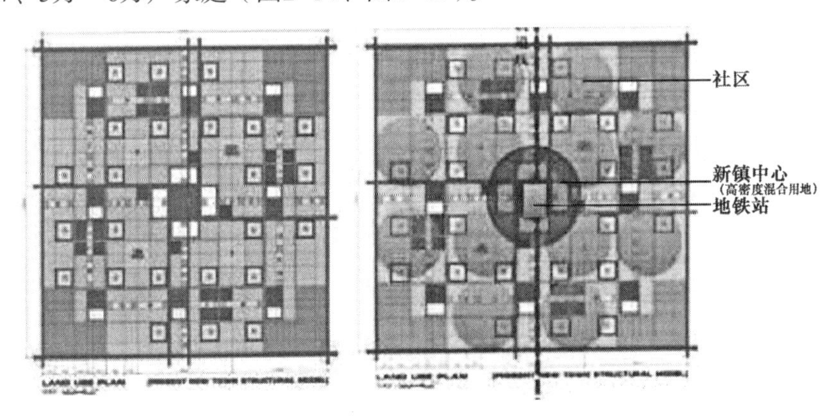


图2-14　典型的新市镇用地分布及规模结构图

来源：http://www.singut.sg

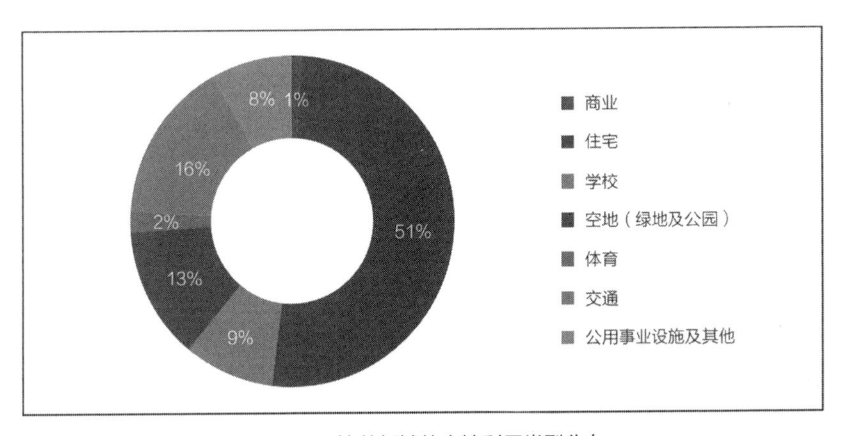


图2-15　榜鹅新城的土地利用类型分布

来源：新加坡建屋发展局资料

新加坡的新市镇镇中心指标充分体现了其综合属性，既包括商业、行政、文化、医疗等公共服务功能用地，也包括公共交通和环境建设的相应用地指标，必须配置足够的公共交通枢纽用地以及公共绿地。

镇中心以外基本以住宅为主。新市镇住宅以高密度为主，比重高达78%，低密度住宅、中密度住宅分别为9%、13%。普遍采用25层左右的高层住宅楼、容积率为2.5左右的发展方式。这种高层、高密度的居住方式，有助于土地的集约利用，符合TOD导向的土地开发模式。

### 3. 新市镇的公共交通衔接系统

（1）轻轨衔接

新加坡的轻轨是地铁网的拓展，用于取代支线公共汽车，连接地铁站与居住区。一些新市镇，例如榜鹅新城（图2-16、图2-17），以自动导向、无人驾驶、树胶轮胎的轻轨取代支线公共汽车，每个轻轨站与其附近居住区之间的最大步行距离控制在300m以内。作为轨道交通的补充，这种分级布局的轨道线网是新加坡在宜居城市建设方面的一大创新：一方面可以扩大轨道交通站点的服务范围，提高居民可达性；另一方面，通过轻轨形成对地铁的客流补给关系，极大地提高了轨道交通系统的整体运行效率。

图2-16 榜鹅新城无人驾驶轻轨

来源：https://m.sohu.com/a/279200758_100020023

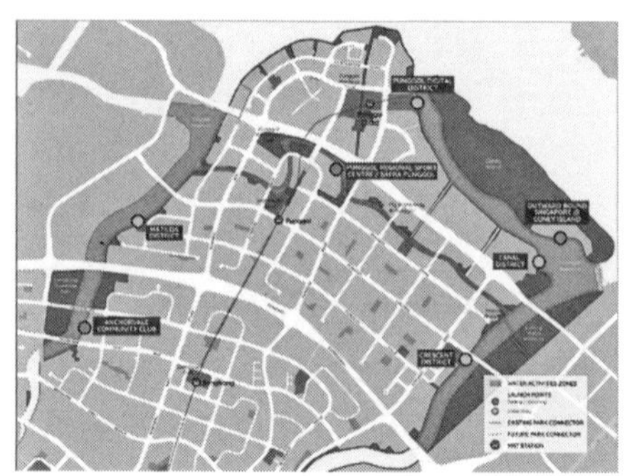

图2-17 榜鹅新城规划图

来源：新加坡建屋发展局资料

（2）公共汽车、自行车衔接

支线公共汽车、自行车作为末端交通的衔接工具，就近设置于地铁站旁。榜鹅地铁站一出来便是室外公共汽车换乘站，根据公共汽车牌指示分别到不同路线排队等候，换乘十分便捷。立体自行车停车场节约空间，便于衔接中短距离末端出行（图2-18）。

图2-18 新加坡立体自行车停车场

来源：https://media.torque.com.sg/

（3）步行衔接

公共交通满足人们出行舒适、便利的要求，进行人性化的交通接驳和环境设计。新市镇镇中心公共交通枢纽周边预留未开发用地，走出枢纽站，人行道宽敞平坦，人车分离，依托有盖走廊的步行系统形成线形公共空间将公共交通与公共设施、住宅入口连接，以人为本；合适的开发强度及宜居环境是新市镇开发的成功保障。

### 2.6.4 裕廊东地铁站的开发

#### 1. 用地性质及开发强度

裕廊东地铁站200m范围有3个“白色用地（预留给未来发展使用的土地）”，暂时不规定用地性质，拟用于商业、酒店、住宅、体育和娱乐及其他混合使用的发展，并且规划了较高的容积率——4.2、4.9和5.6。300m范围基本以商业用地为主，且商业用地容积率整体较300m范围高，容积率除了2个用地在3.0～3.5，其他都在5.6～7.0之间。500m范围用地性质较为多样化，增加了一些酒店用地、医疗健康用地、居住用地和一个商务花园——“白色用地”，整体用地性质呈现综合一体化发展。

从用地性质而言，站点周边容积率最高的是商业用地，其次是“白色用地”，再次是居住和酒店用地；从距离站点的范围来看，在站点200m半径内属于较高的容积率水平，一般在4.2～5.6之间；在150～300m半径内，容积率达到最高水平，基本处于5.6～7.0之间；在300～500m半径内，由于用地性质的多元化，容积率也开始下降，逐渐过渡到接近其他类型站点的用地容积率（图2–19）。

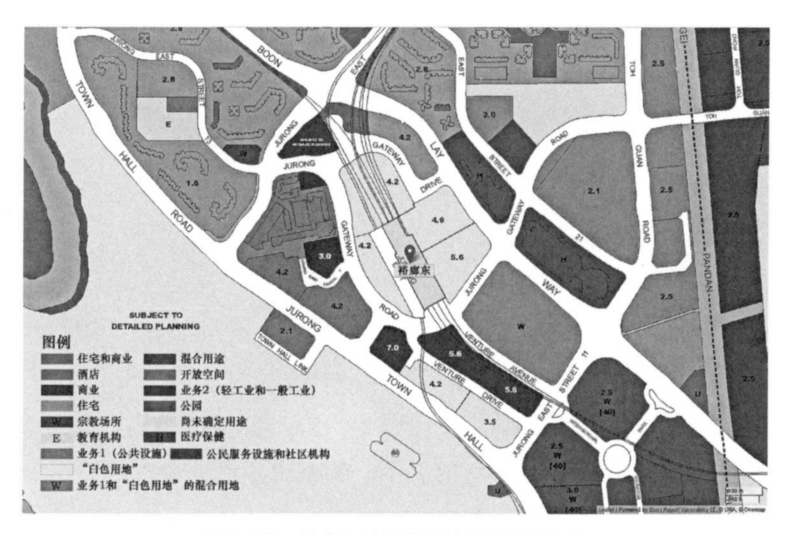


图2–19 裕廊东站周边用地性质及容积率

来源：作者根据新加坡URA官网“Master Plan 2019”改绘

### 2. 步行衔接系统 J-Walk

裕廊东地铁站的二层连廊有效地衔接了地铁站与周边7栋大厦的步行空间，包括商业大厦、医院、行政机构等。J-Walk互连互通，吸引人流的同时增强可达性，非常便利，也省去了行人在路面行走时的一些等待与麻烦和交通安全问题。

（1）J-Walk开放时间

通过J-Walk与周边的公共汽车站直接连接，能够提供方便、快捷的直达空间。即使有部分J-Walk的连廊设置在商场里面，但所有的J-Walk在地铁站运营时间里都对公众开放。部分无障碍设施则是24小时对公众开放的，为人们提供便利（图2-20）。

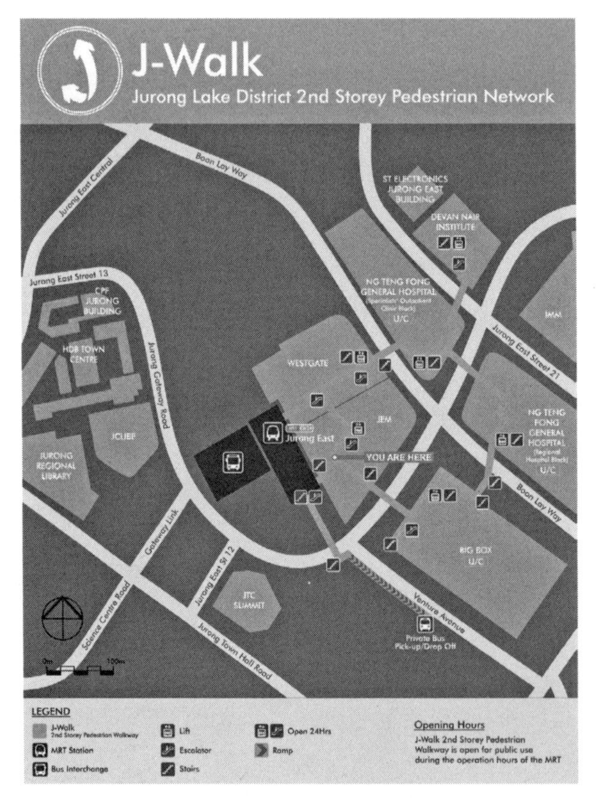


图2-20 J-Walk连通示意图

来源：新加坡URA官网

（2）建设时序

对于建筑群之间的二层连廊，先开发的开发商拥有连廊出入口开口位置的决定权，随后的开发商只能衔接之前开发商大楼确定的开口位置。

（3）开口规划

开发商自己的内部用地可以任意规划，二层连廊出入口方案需要政府机构JTC批准，后来的用地在招标文件中就已经涵盖了连廊的技术要求及限制条件。

（4）连廊建设归属

二层连廊由每个开发商负责自己地块内的规划建设。公共部分一般来说需要后开发的开发商来承建，依据道路中线划分，两栋楼所属开发商均摊公共连廊费用，同时公共连廊部分交由陆路交通管理局管理维护。

### 2.6.5　巴耶利峇地铁站的开发

#### 1. 用地性质及开发强度

巴耶利峇地铁站200m范围基本全是商业用地，且规划了较高的容积率，在4.2左右。300m范围基本以商业用地为主，且商业用地容积率整体与200m范围一致，少部分为行政机构用地和居住用地。500m范围用地性质较为多样化，除了商业、办公和市民与社区机构用地之外，增加了一些居住/机构用地和保护用地，容积率也降低一些，在2.8～3.5之间，整体用地性质呈现综合一体化发展。

从用地性质而言，站点周边容积率最高的是商业用地，其次是市民与社区机构用地，再次是居住用地；从距离站点的范围来看，在站点200m半径内属于较高的容积率水平，一般在4.2左右；在200～300m半径内容积率基本也在4.2的水平，变化不大；在300～500m半径内，由于用地性质的多元化，容积率也开始逐渐下降，过渡到接近其他用地容积率，基本在2.8～3.5之间（图2-21）。

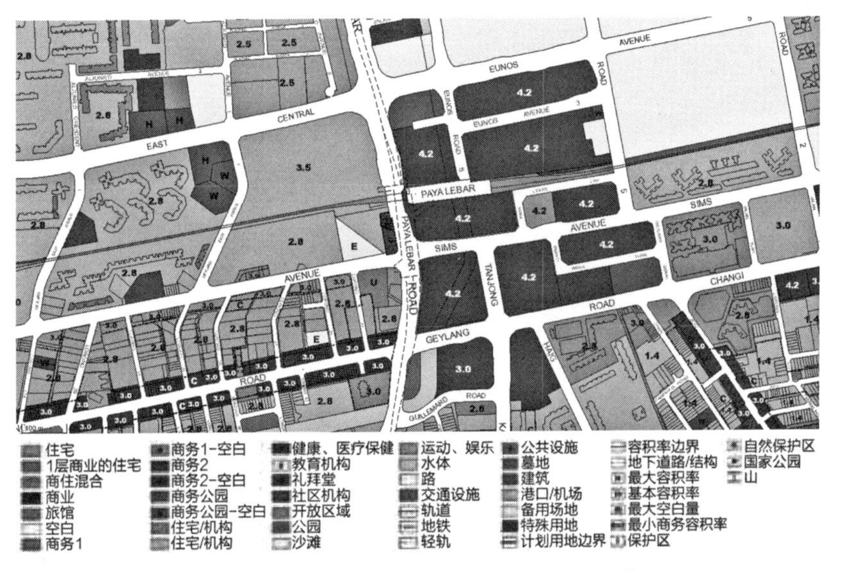


图2-21　巴耶利峇地铁站周边用地性质及容积率

来源：新加坡URA官网

### 2. 交通衔接的规划与实施

（1）规划层面

陆路交通管理局和市区重建局等部门在商量制定地铁沿线站点的时候，就会规划好站点周边的公共汽车站、出租车站、自行车停车场、出入口等的位置。靠近商业大厦的出租车站的建设方案需要由商场提交，由陆路交通管理局审批并进行项目实施的跟踪推进。

（2）实施及服务层面

公共汽车站：公共汽车站的用地属于政府免费划拨，同时也由政府出资建设。巴耶利峇地铁站周边有4个公共汽车站，最远一个公共汽车站不超过400m。公共汽车站原来就已经存在，直接添加上盖连接到周边的商业大厦（巴耶利峇广场）和地铁站就好，公共汽车站的上盖建设由政府公开售地后的中标单位一体化建设（图2–22）。

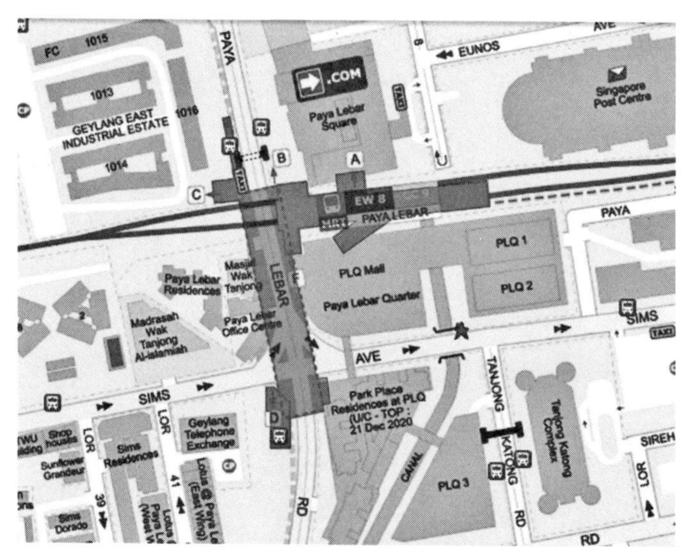


图2–22　巴耶利峇地铁站交通衔接图

来源：新加坡建屋发展局资料

公共汽车站规划了相应的公共汽车换乘路线，并且提供实时公共汽车到站信息，同时提供无障碍通道直达地铁站的入口。

出租车站：出租车站有2个，相对于公共汽车站来讲更少，希望鼓励大家公交换乘，培养公共交通出行的习惯。商业大厦地块内的出租车站的规划位置由商场提交建设方案，需由陆路交通管理局审批后跟踪推进商场开发一体化规划建设，并且用地属于商场用地。靠近商厦不到30m建设了该出租车站，同时建设了上盖廊道，该出租车站由政府出资建设，规划了3个临时泊位供乘客搭乘出租车。其他车辆必须在旁边的上下客处下客。

出入口：该站建设了4个出入口（A口、B口、C口、D口）。每个出入口都配备了无障碍设施，同时B口也与商业大厦进行了有盖连廊的连接，使之成为一个整体，其他出入口也连接到周边的住宅、办公中心，方便行人。

自行车停车场：以友诺士站为例，设置的是立体自行车停车场，节约空间、管理有序。

有盖连廊：该地铁站需要由周边大厦开发商出资建设与地铁、出租车站、公共汽车站的有盖连廊。市区重建局在卖地的时候，就把连廊的技术限制作为附加条件写进去了。开发商的有盖连廊的规划及建设方案都需要交给陆路交通管理局审批，同时跟踪推进确保公共服务性质的设施质量（图2–23、图2–24）。

图2–23　巴耶利峇站与周边大厦的有盖连廊
来源：陆化普 等，2019

图2–24　巴耶利峇站与出租车站的有盖连廊
来源：陆化普 等，2019

### 3. TOD建设及投资

在TOD项目建设过程中，周边大厦的开发商与交通相关的技术层面事宜，需要由陆路交通管理局审批并实施相关的发展控制，包括与出租车站、上下客站、公共汽车站、地铁站的衔接，有盖廊道的规划及建设方案等，确保建筑与地铁站交通一体化发展。公共交通的投资都是由政府直接出资，有盖廊道由周边开发商自行出资并建设。如果是大型公共汽车换乘枢纽站，建设归开发商、资金由政府出。但像景万安公交站，就采用PPP模式，公司负责建设和维护公交站，通过广告等回收成本，有效期是5年，5年后移交给政府所有。政府5年后再招标。

## 2.6.6　经验借鉴

### 1. 强有力的公共交通政策引导

新加坡的城市与交通一体化开发能够成功的主要原因之一，在于其政府机构对于公共交通政策的全面主导。由于新加坡人口密度极高，土地资源稀缺，公共交通成为交通方式的必然选择。长期以来新加坡交通规划中一直秉承公交优先的理念，不断提高公交服务水平，自《1996年新加坡城市交通白皮书》中提出要“在地铁站等交通枢纽周边推进TOD开发模式，提高站点周边开发强度”以来，新加坡不断加强公共交通发展，推进地铁线路建设，提升公共交通服务质量。在《2008年陆路交通总体规划》中提出“提供一体化公交服务，保证常规公交与地铁系统的接驳，并统一票制；实时公交优先；继续推进地铁系统建设；缩短给予公交公司的运营年限，提高竞争水平；提升公交服务水平和安全性”。《2013年陆路交通总体规划》继续推进公交优先，加快扩展地铁，改革提升公共汽车系统等，为持续落实城市与交通一体化理念提供了强有力的政策支持。

2. 交规与城规的良好协调机制

完善的规划与实施的协调机制是新加坡交通和土地利用一体化规划与实施成功的关键因素。具体来说，城市交通系统和土地开发互动密切，相互协调；在高密度商业区和住宅区规划公共交通系统；在公交枢纽如地铁站周边推进一体化开发模式；在地块开发时通过发展控制实现规划目标，如停车位需求、地铁出入口等。

3. 以人为本的交通理念

新加坡在进行城市与交通一体化开发时，坚持以人为本的交通理念，加强地铁、轻轨、公交等多种交通方式的无缝衔接和换乘，以及公交枢纽与周边城市步行网络的联系，增加站点的可达性。同时，紧密结合居民区、步行设施、交叉口等交通重点位置进行精细化、人性化的设计，并且提供舒适的候车环境，以提高公共交通吸引力。比如在公交站与建筑之间建设有盖的风雨廊道系统，为居民提供舒适的步行空间；在公交地铁站点设有无障碍通道，提高残障人士和老年人的可达性等。一系列举措成功加强了站点与周边用地的交通联系和紧密程度。

## 2.7 中国香港TID开发模式

### 2.7.1 背景概况

香港是世界上人口密度最高的城市之一。根据2020年统计数据，香港总人口为750.07万人，陆地面积为1106.34km$^2$，人口密度为每平方公里6779人。香港特区的公共交通非常发达，公共运输方式主要由铁路、公交车、小型公交车、出租车及渡轮等组成。2013年，香港公共交通日均载客约为1235万人次。其中铁路最为繁忙，每日载客约442万人次；其次是专营公交车，每日载客约376万人次。根据2002年的相关统计数据，香港有41%的居民居住在距离地铁站500m的范围之内。2018年，更是有超过90%的香港居民在日常出行中使用公共交通（崔敏榆，2019）。

港铁（Mass Transit Railway）是指服务于中国香港特别行政区的轨道交通系统，也是世界上少有能够持续盈利的轨道交通线路。2018年，香港铁路有限公司总收入为539.3亿港元，净利润为160.08亿港元，十分可观。港铁之所以能够成功盈利，非常重要的一点是因为港铁采用TID开发模式，即“融合交通的综合发展”。港铁公司除了常规的客运业务以外，还包括物业租赁、车站商务（车站广告位、零售铺位及车位的出租）、上盖以及周边的物业发展。特别是物业发展和物业租赁业务是港铁重要的利润来源。

### 2.7.2　PTI与TID开发模式

#### 1. PTI与TID的提出

在香港，早期的公共交通枢纽被称为PTI（Public Transport Interchange），意为“公共运输交会处或转运站”。例如香港尖沙咀天星码头PTI，在20世纪30年代就设有巴士、的士和私家车的上下位，可以互相便捷换乘。1970年以来，香港开始兴建轨道交通系统，这段时期PTI的概念也变得更加多元化。PTI涵盖了地铁、轻轨、高铁等轨道交通，辅以公交、城巴、长途巴士、的士、BRT等公共交通工具以及私家车。此时的开发理念，是以PTI为整个开发区的核心，环绕PTI 进行各式项目发展和城市建设，建设以轨道交通站点为核心的综合发展区。这种开发之后被称为“PTI＋Development”，简称“PTID”，之后简化为“TID”。也有学者认为，“TID”应该是“Transport Integrated Development”，即融合交通枢纽及交通设施的地产综合发展模式（李颂熙，2013）。

#### 2. TID的开发思路和原则

TID最核心的开发思路在于优先处理基地内的交通问题。例如让沿线整条轨道交通线路研究与物业开发研究同步进行；对人流和车流进行详细规划，提高交通枢纽与城市的衔接效率；尽早规划慢行系统和人行天桥系统，以及通过接驳巴士扩大辐射范围等。解决现状场地的交通问题是TID在开发时的重要出发点，在开发过程中，要注重整体考虑和统一规划，全面考虑开发的各个环节，做到开发策略、策划、规划和设计思路的同步进行。

TID的原则在于以人为本和轨道优先。以人为本是TID设计最重要的原则，是TID成败的关键。“以人为本”的要点之一就是要做到人车分流，创造一个安全舒适的步行环境，提升人车的流动性和便捷度。轨道优先是TID设计的另一个重要原则。轨道交通相比其他交通方式，运载能力更大，运行时间也更加稳定，在TID设计中应该优先考虑这种公共交通方式。此外，还需要提升轨道交通的零距离换乘能力，比如创建多层平台，优化换乘通道等。

3. “R＋P”的开发模式

“R＋P”模式，即“Rail（轨道）＋ Porperty（财产、不动产）”，是一种集轨道交通投资、建设、运营和沿线物业开发于一体的综合开发模式，这种模式事实上是TID模式中的一个部分。香港使用“R＋P”开发模式已经超过了40年，在该模式下，中国香港特别行政区政府在规划新的线路过程中，可选择不对轨道交通直接投资，而是把轨道沿线的土地资源开发权出让给港铁公司，同时按未规划建设轨道交通前的市场地价标准收取地价，港铁公司就能以较低的价格获得开发权。获得开发权之后，港铁公司通常与其他的地产开发商合作开发地块，也可能单独开发地块。开发的项目包括商务、住宅、商业、酒店、学校等多功能在内的多个社区。开发后，港铁公司利用土地的溢价，通过租赁业务基本上能够收回轨道交通建设的成本并且实现部分盈利。

### 2.7.3 典型开发案例

1. 九龙站——上盖物业模式

20世纪90年代初期，中国香港特别行政区政府作出了建设新机场（现香港赤鱲角国际机场）和机场快线的决定。九龙站作为其中重要的一环，最直接的目的就是为尖沙咀一带的城市扩张提供可建造的填海形成的新地，并且通过提供市内值机服务，让乘客在九龙的地铁站内就可以换登机牌，大大增加了机场和城市的联系以及九龙自身的发展。

1996年，项目开始正式建造。2011年，九龙站地标建筑——484m高的环球贸易广场建成，其间多家开发商联合建造了多个高端住宅、商业设施、商务写字楼等。整个项目占地约13.54hm$^2$，总建筑面积为109万m$^2$，地面下方是地铁穿过，而地面上方是一个集住宅、写字楼、商场、娱乐和酒店设施于一体的大型综合体建筑。整个项目的高层塔楼达到了18栋之多，无论是数量还是建筑面积都十分惊人。从建筑性质的占比来看，住宅塔楼占项目物业比例的56%，写字楼占比21%，商业占比9%。整个九龙站上盖物业是一个多层次的立体开发项目，即联合广场“Union Square”。地下二层到地下一层是地铁站，涵盖了机场快线和东涌线，两者可以垂直换乘。地面层则是巴士和的士，该层包括租车区、停车场、公共巴士站、过境巴士站等，而架空层则用于行人交通和其他机动车辆通行。第一层至第二层是大型的商场，总面积约82700m$^2$。商场的顶层平台是一个巨大的屋顶公共空间，有着公共广场和半开放的花园，在此之上就是18层的塔楼建筑。尽管开发模式为超高密度，其公共开放空间面积仍然大于1.7hm$^2$，包括了很大一部分绿地。九龙站的屋顶公共空间不单单是给住在这里的居民用，而是所有人坐地铁过来都可以使用，并且设计了很多公益性的设施。整个项目占据了城市的顶端区位，并且具备成熟的商业、商务和休闲娱乐设施，吸引了大量的人气，成为香港较为高端和颇具特色的地点之一。

2. 奥运站——高架步道衔接型

奥运站位于东涌线上，是港铁东涌线首个落成的车站，位于香港九龙大角咀西部新填海区旁边。奥运站共有12个出口，有极其完善的空中步行通道与周边的社区进行联系，也方便行人从四面八方前往车站。奥运站的周边物业发展计划分三期，分别为第一期的汇丰中心、中银中心等，第二期的奥海城二期、柏景湾等，以及第三期的君汇港等，这些功能大部分为住宅。奥运站启用初期，由于周边的物业发展还处在初级阶段，人流量稀少，但启用数年后，随着人流的不断涌入，该站得到迅速发展。在2009年，奥运站再次增加了新的出入口，加建的出入口由原有的天桥向东延伸，再次扩大了站点辐射的范围。在整个奥运站的开发计划中，72.3%为住宅，包括私人及政府资助住宅，16.3%为办公楼，9.1%为商场。其中，在物业的基座上还建有巴士站和公共活动空间，并提供18692个住宅单位，能够满足5万多居民的生活需求。

奥运站最大的特点是通过各种方向的空中廊道与周边的住宅、写字楼、商场等无缝衔接。无论是乘客还是当地的居民都能够充分利用这个步行走廊安全舒适地出行，并且大大缓解了人车的冲突问题和其他交通问题。

### 2.7.4 经验借鉴

1. 以人为本的开发理念

香港TID开发模式最核心的关键在于全面为人服务。具体来说，就是在为乘客服务时，要做到各种出行方式的无缝衔接，包括居民出行工作、娱乐休闲、回家居住等多个方面。在以人为本的开发过程中，往往能够引发巨大的商机和一系列的产业链为居民提供更加安全、便捷、舒适甚至惊喜的出行方式，能够达到政府、投资方、使用者的多方共赢效果。

2. 融合交通的综合开发

TID的核心在于对交通进行详细的规划，充分解决交通问题，并在此基础上做到综合发展。在前期的发展规划上，要做到轨道交通优先、轨道交通与物业开发同步建设。并且要提前规划慢行系统，打造多层面的人行步道平台，设置各类接驳巴士，以提升整个站点的服务范围和解决人车冲突问题等。在开发的原则上，结合香港的实际情况，开发要保证周边地区的高容积率和用地功能的多样性。根据具体情况，设计各类步道对周边地区和站点进行连接，使得居民的出行能够更加安全和便利，在一定程度上缩短了出行的距离和提高项目的目的地可达性。在部分TID的开发上，打造令人惊喜、眼前一亮、让人想要前往该地游玩和居住的综合发展项目，提高站点的吸引力，进而提升整个站点的经济效益。

# 第3章　轨道交通枢纽与城市用地一体化开发的适应性评价

在一体化开发项目策划初期需要对项目可行性进行适应性评价，以确定轨道交通项目与城市用地之间是否具备一体化开发的条件。一体化开发的适应性评价应当综合考虑枢纽类型特征、交通可达性、枢纽所在城市经济发展水平、产业结构、枢纽片区发展基础等因素，以确保枢纽交通功能和枢纽片区一体化开发的成功。评价内容涉及一体化开发项目分类、前期准备条件评价、规模与环境条件评价、房地产开发情况评价、交通走廊方案评价、基建承载能力评价六部分。

## 3.1　一体化开发项目分类

规划项目的选址和规模不同，建设与发展目标也不相同，有必要对一体化开发项目规模和开发区域土地利用特征进行分类研究。参照目前已有的相关研究（Salat et al.，2017；WRI et al.，2015；MoUD，2016；Center for Transit Oriented Development，2010；GPSC，2018）可以将一体化开发项目按照开发规模分为城市层面、走廊层面、站域层面以及站点层面四类，按照选址开发区域土地利用不同特征可以分为未开发地区、郊区和市区三类。

### 3.1.1　按照开发规模分类

一体化开发根据规模不同可分为以下四个层面（图3-1）。

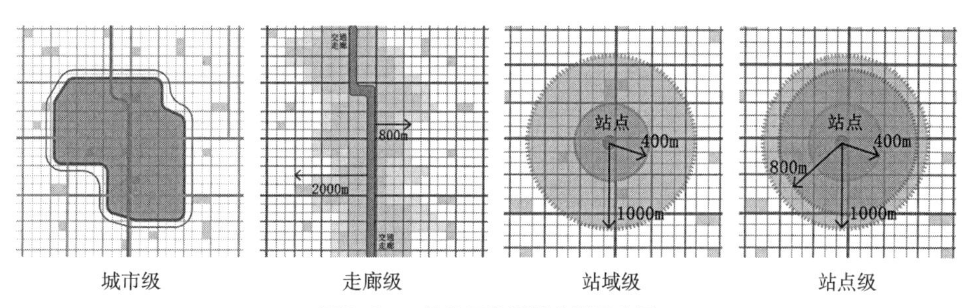


图3-1　一体化开发规模分类示意图

城市层面：指城市总体规划或战略规划中轨道线网层面的一体化开发。该层面一体化开发需要关注土地利用与交通系统规划的整合，以支持整个城市的相关分析和决策，在法定规划文件中为一体化开发提供依据。

走廊层面：指单条轨道沿线用地范围及其直接受益区域的一体化开发，一般指轨道沿线两侧10min步行或骑行范围内（800～2000km）的开发。该层面开发需要确保轨道线路上站点之间的一体化开发相辅相成，关注走廊沿线职住平衡，形成以交通为导向的网络系统，并通过对比车站周围的开发潜力，评价具体车站的客流量指标。

站域层面：指轨道交通站点周围步行5～10min区域范围（400～1000m）内的一体化开发，重点关注该区域范围内的土地利用、站点可达性、综合性交通方式的衔接和连通性等。

站点层面：指距离轨道交通站点5～10min步行范围（400～1000m）内的单个或多个独立地块开发，地块离车站越近，则TOD开发潜力越大。该层面需要重点关注各开发项目的具体情况，包括开发强度与密度、内部交通循环、建筑设计和停车场设置等。

### 3.1.2 按照土地利用特征分类

按选址开发区域土地利用特征不同可以分为未开发地区、郊区和市区三类。

未开发地区：此类地区是指开发强度极低或者为零、基础设施条件差、目前几乎没有城市化的地方。

郊区：是指城市外围缺乏开发的地区，其特征是土地开发强度低、公共交通缺失或者不发达。

市区：是指人口密集的城市建成区，其特点是开发强度大、开放公共空间少。

一体化开发区域土地利用特征分类的详细信息和相关图示说明见表3-1和图3-2。

一体化开发区域土地利用特征分类及OT分析　　表3-1

| | 机遇 | 挑战 |
|---|---|---|
| 未开发地区 | · 唯一的所有权<br>· 政府土地比例高<br>· 有机会对站点周围进行新的社区规划<br>· 地价低<br>· 财政资源多<br>· 有机会建设大容量的基础设施体系 | · 项目成型时间长<br>· 人口结构未知<br>· 在初始阶段实现职住平衡的可能性较小<br>· 由于通往市中心的公共交通连接性不强，常常会导致城市扩张<br>· 开发商可能对该区域土地开发欲望较低 |

续表

| | 机遇 | 挑战 |
|---|---|---|
| 郊区 | · 可用于开发的站点比例高<br>· 有机会改善低密度社区的可达性<br>· 地价低 | · 密度低<br>· 无序扩张的发展模式<br>· 用地单一<br>· 连通性较差<br>· 机动车优先级高于慢行系统 |
| 市区 | · 位于主要的交通走廊和市区中心附近<br>· 公共交通分担率较高，尤其是在中低收入地区<br>· 有机会改善周边的可达性<br>· 存在城市更新的需求 | · 土地所有权多样化<br>· 地块不规则，配置多样化<br>· 现有的用地类型不支持交通线路的穿越<br>· 步行限制<br>· 通行权的限制 |

来源：GPSC，2018

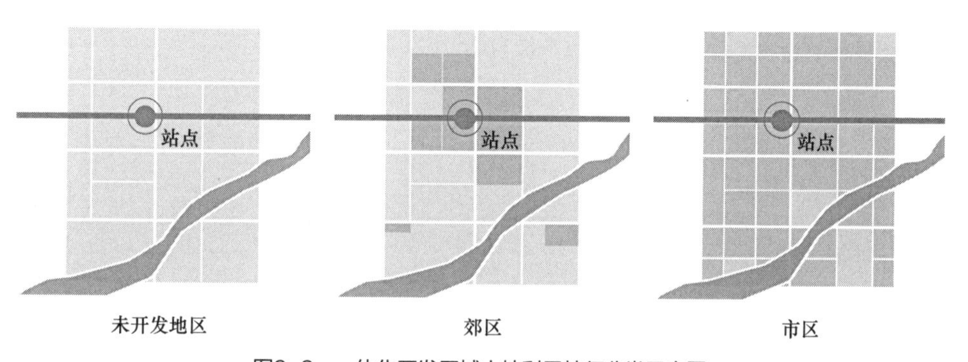


图3-2　一体化开发区域土地利用特征分类示意图

## 3.2　前期准备条件评价

项目前期准备条件评价目标在于确定实施一体化开发所需干预措施的优先次序，尽早识别潜在的缺陷。前期准备条件评价利用人口普查信息、地理信息系统数据、现场调研数据以及相应的分区法规、现行总体规划等资料对开发区域现有的优势和劣势进行分析，以了解其一体化开发潜力和需要改进的方面。该评价可以用于城市层面、走廊层面和站域层面的项目评价；适用于城市未开发地区、市区、郊区和再开发地区等多种开发环境。评价目的是突出每个站区的一体化开发潜力。

项目前期准备条件适应性评价包括初步准备条件评价、详细准备条件评价两方面。

### 3.2.1 初步准备条件评价[①]

初步准备条件评价是指对影响一体化规划和实施至关重要的外部因素进行快速评价，以便更好地了解当地政策和机制对一体化开发的支持程度。其评价对象以政府等公共部门为主。这些评价因素包括：现有的专业技术支撑能力、支撑开展一体化详细研究的现有数据的可用性、政府现有的政策和管理框架。

### 3.2.2 详细准备条件评价

详细准备条件评价又可以分为站域层面的准备条件评价以及走廊层面的准备条件评价。

站域层面准备条件评价用于评价单个站点开发项目所在站域范围内的一体化开发准备情况，以识别车站区域属性和开发潜力。具体评价方法如下：轨道交通网络上每个车站的价值，包括节点、位置/场所和市场潜在价值[②]。其中，节点价值包括车站的公共交通线路数量、车站之间的距离、日均载客量等的评价；位置/场所价值涉及车站周围800m半径范围内的连通性，该范围内的文化、教育和卫生服务设施数量，车站服务区域内（影响范围内）住宅和非住宅用地的用途以及各类土地的比例等指标的评价；市场潜在价值评价包括800m半径的服务区域内，车站周围每平方公里的人数和工作岗位、该范围内10～20年人口及就业增长率预测、平均收入等。

走廊层面准备条件评价是对轨道交通线上所有车站的节点、位置/场所和市场潜在价值进行评价，以显示整个走廊开发条件的情况。

### 3.2.3 前期准备条件评价指标体系

前期准备条件评价指标体系包括初步评价指标体系和详细评价指标体系。

#### 1. 初步评价指标体系

初步评价用于衡量进行一体化规划和实施的技术、法规准备情况，主要包括现有技术能力、现有数据可用性、现有体制和政策框架三类指标，涉及29个子项指标，通过评判一体化开发项目是否具备各子项指标所指条件，将其评级

① 这部分评价内容和方法是在WB/WRI TOD走廊课程“TOD设计模块”和印度国家级指导文件（WRI, W.B., Module 4: Design Components of TOD. 2015; MoUD, TOD Guidance Document. 2016）的基础上提出的。

② 世界银行《通过以交通为导向的发展改造城市空间：3V方法》（Transforming the Urban Space through Transit-Oriented Development The 3V approach, Salat and Ollivier, 2017）中的“3V指标”（节点、位置/场所和市场潜在价值）。

结果分为低、中、高三个级别，该结果为下一步进行详细的准备条件评估提供了参考基础。其中，技术能力是指审查现有技术和专业人员在该领域的技术能力，以管理、实施和监督一体化规划活动；数据可用性是指需要准备一个全面的数据库作为资源，以帮助记录一体化开发的基本情况，并分析约束条件；体制和政策框架则用于评价城市在机构支持、规划、政策和发展市场方面的一体化开发准备情况。完整的初步评价指标体系见表3–2。

初步评价指标表　　表3–2

<table>
<tr><th>一级指标</th><th colspan="2">二级指标</th></tr>
<tr><td rowspan="5">现有技术能力</td><td colspan="2">规划总监/城市总规划师（具备TOD规划、综合交通及土地规划经验）</td></tr>
<tr><td colspan="2">城市设计师/城市规划师（具备街景设计、步行及自行车道设计经验）</td></tr>
<tr><td colspan="2">交通规划师/工程师（具备交通部门工作、交通建模或相关领域的经验）</td></tr>
<tr><td colspan="2">基础设施规划师/工程师（具备基础设施需求管理和规划经验）</td></tr>
<tr><td colspan="2">房地产专家（具备可行性研究、房地产评估经验）</td></tr>
<tr><td rowspan="15">现有数据可用性</td><td rowspan="5">节点价值</td><td>公共交通网络（包括巴士、大容量集体运输工具、支线网络）</td></tr>
<tr><td>通过站点的公共交通线路</td></tr>
<tr><td>站点位置（包括数量、类型和间距）</td></tr>
<tr><td>车站交通流量</td></tr>
<tr><td>交通载客量（包括现有和建议的载客量）</td></tr>
<tr><td rowspan="5">场所价值</td><td>现有和建议的土地利用情况（包括建筑的用途、性质等）</td></tr>
<tr><td>距车站步行800m范围内的社会基础设施配套</td></tr>
<tr><td>现有道路汇总清单</td></tr>
<tr><td>现有基础设施清单</td></tr>
<tr><td>现有人行道和自行车网络</td></tr>
<tr><td rowspan="5">市场价值</td><td>人口普查信息（包括当前和预估的人口数量、人口密度、平均收入）</td></tr>
<tr><td>近十年开发活动（正在进行或最近完成的项目）</td></tr>
<tr><td>控制性详细规划</td></tr>
<tr><td>空置土地和建筑物（包括规模评价和是否是公有制）</td></tr>
<tr><td>土地价值（包括政府土地和市场价值评价）</td></tr>
<tr><td rowspan="6">现有体制和政策框架</td><td rowspan="6">与一体化相关的规划和监管措施</td><td>支持一体化开发的法规、最新开发计划、总体规划等</td></tr>
<tr><td>在行人或自行车设施、公益事业基础设施和交通升级方面进行投资</td></tr>
<tr><td>完整的街道网络设计政策和益于自行车出行、行人出行的开发计划</td></tr>
<tr><td>评价城市交通网络的交通规划</td></tr>
<tr><td>停车管理——降低或取消停车要求或支持共享停车的政策和举措</td></tr>
<tr><td>鼓励城市经济适用性住房的政策、计划、方案</td></tr>
</table>

续表

| 一级指标 | 二级指标 | |
|---|---|---|
| 现有体制和政策框架 | 机构/平台 | 负责整合交通和土地利用的现有机构或特别机构 |
| | | 建立政治领导团体或顾问委员会，以促进城市的TOD开发与建设 |
| | | 鼓励利益相关者参与 |

来源：Global Platform for Sustainable Cities（GPSC）官方网站：https://www.thegpsc.org

### 2. 详细评价指标体系

详细评价指标体系从节点、场所和市场潜在价值对走廊层面和站域层面一体化开发准备进行评价，旨在强调经济、土地利用、城市设计和公共交通网络以及车站之间的相互依赖性。评价结果可用于指导城市起草一体化开发愿景，并随后编制一体化开发的详细规划，以提高站域的价值和经济潜力。其最终评级分为高、中、低三个等级，详见表3-3。

详细评价指标表　　表3-3

| 一级指标 | 二级指标 | |
|---|---|---|
| 节点价值 | 1 | 某一车站的公共交通线路数量 |
| | | 低＝不连接其他公共交通线路；中等＝接驳两条公共交通线路；高＝连接两条以上公共交通线路 |
| | 2 | 站点间的平均距离（以交通路线的数量表示） |
| | | 低＝平均距离在2km以上；中等＝平均距离在800～2000m范围内；高＝平均距离在400～800m范围内 |
| | 3 | 车站的可达性程度（指从城市其他节点出发到该车站的出行时间，取决于车辆的速度和服务频率） |
| | | 低＝车站到最近的城市节点所需出行时间大于15min；中等＝车站到最近的城市节点所需出行时间在15min以内；高＝车站到最近的城市节点所需出行时间在5～10min以内 |
| | 4 | 当前工作日的平均客流量 |
| | | 低＝小于50%的预测客流量；中等＝50%～75%的预测客流量；高＝大于75%的预测客流量 |
| | 5 | 车站步行范围内可使用的辅助交通方式的种类 |
| | | 低＝不与其他交通方式接驳；中等＝与另一种交通方式接驳；高＝接驳多种交通方式 |
| 场所价值 | 1 | 车站800m半径范围内每平方公里的交叉口数量 |
| | | 低＝每平方公里小于50个交叉口；中等＝每平方公里50～100个交叉口；高＝每平方公里超过100个交叉口 |
| | 2 | 车站周围800m半径范围内的连通性（步行10min可到达） |

续表

| 一级指标 | 二级指标 | |
|---|---|---|
| 场所价值 | 2 | 低＝两条人行道之间间隔远，现状条件较差，可达性较差；<br>中等＝两条人行道之间间隔适中，现状条件一般，可达性一般；<br>高＝两条人行道之间间隔小，现状条件较好，可达性较高 |
| | 3 | 确定车站服务区域内住宅和非住宅用地的用途以及各类土地的比例 |
| | | 低＝车站服务区域的主要用途类别占总面积的70%～80%；<br>中＝车站服务区域的主要用途类别占总面积的60%～70%；<br>高＝车站服务区域的主要用途类别占总面积的50%～60% |
| | 4 | 距离车站800m范围内的文化、教育和卫生服务设施的种类 |
| | | 低＝可使用1种服务设施；中＝可使用2种服务设施；<br>高＝可使用3种服务设施 |
| 市场价值 | 1 | 距离车站800m半径范围内，每平方公里的人口数量和工作岗位 |
| | | 低＝小于该地区的平均密度；中＝等于该地区的平均密度；<br>高＝高于该地区的平均密度 |
| | 2 | 距离车站800m半径范围内，10～20年内人口及就业预测增长率 |
| | | 低＝预计人口和就业密度≤50%；中＝预计人口和就业密度在50%～75%之间；高＝预计人口和就业密度≥75% |
| | 3 | 平均或中等收入 |
| | | 低＝低于地区平均收入中位数；中＝等于地区平均收入中位数；<br>高＝高于地区平均收入中位数 |
| | 4 | 30min内通过公共交通和步行可到达的工作地点的百分比 |
| | | 低＝低于50%；中＝在50%～75%之间；高＝超过75% |
| | 5 | 房地产开发机遇（按现有建筑面积与监管范围内可建最大建筑面积之差计算） |
| | | 低＝低于25%；中＝在25%～50%之间；高＝超过50% |
| | 6 | 过去几十年，在车站周围新修建的项目（正在进行或最近完成项目） |
| | | 低＝无项目；中＝1～5个中小型项目；高＝5个及以上中小型项目或3个及以上大型项目 |

来源：Global Platform for Sustainable Cities（GPSC）官方网站：https://www.thegpsc.org.

## 3.3　规模与环境条件评价[①]

### 3.3.1　评价目的

规模评价可以帮助决策者理解不同规模的规划之间的相互关系及其对一体

① 参考：GPSC，2018.

化开发实施的影响。

环境评价是基于当前和规划中的城市形态、与交通的关系、在吸引一体化开发相关投资方面的市场实力等方面进行评价。通过参考现行总体规划、控制性详细规划、政策、第三方报告、高质量航空卫星图像等信息，确定车站地区的开发环境类型，以便帮助城市确定一体化开发项目的干预点。该评价方法可以在一体化开发实施过程中的多个阶段使用。

### 3.3.2 评价指标体系

该评价在前文所述开发规模分类和土地利用特征分类的基础上进行，具体评价指标见表3-4。在选项中至少有一个指标符合，则该城市就可以实施该级别（层面）和环境下的一体化规划。

评价指标表 表3-4

| 一级指标 | | 二级指标 |
|---|---|---|
| 开发规模评价 | 城市层面 | 区域规划/城市发展规划/总体规划/控制性详细规划（筹备中/进行中/规划完成）<br>交通规划（筹备中/进行中/规划完成）<br>快速公交系统/地铁轨道系统项目规划（筹备中/规划完成） |
| | 走廊层面 | 土地开发条例的修改（筹备中/进行中/规划完成）<br>交通规划（筹备中/进行中/规划完成）<br>快速公交系统/地铁轨道系统项目规划（筹备中/规划完成） |
| | 站域层面 | 正在运营/在建的公共交通系统<br>毗邻公共交通系统的公有空置土地及再开发机会<br>正在进行中的土地资源共享策略<br>市场利益（房地产价值的快速变化） |
| | 站点层面 | 邻近公共交通站点地区的再开发机遇<br>未开发用地、土地拍卖及开发的市场利益<br>毗邻公共交通系统的公有空置土地及再开发机会 |
| 开发环境评价 | 未开发地区 | 由农业向高强度用途的土地性质变更计划<br>国有土地（政府拥有土地）比例高<br>人口极低或无人区<br>靠近城市核心区，但总体仍使用小汽车出行<br>高质量公共基础设施投资是拉动经济的关键驱动力 |
| | 郊区 | 完全没有或低频次的公共交通服务<br>较低的人口密度<br>缺乏街道连通性、行人和自行车设施及城市建设之间的整合<br>单一用途开发项目占据大量土地 |
| | 市区（新建及再开发地区） | 高人口密度、良好或完善的步行与自行车网络、由零售业及服务业支持的混合社区、就业岗位的高度混合 |

来源：Global Platform for Sustainable Cities（GPSC）官方网站：https://www.thegpsc.org.

## 3.4　房地产开发需求评价

### 3.4.1　房地产需求评价目的

房地产需求评价用于评估一体化开发项目的市场价值，帮助分析房地产开发的潜力和不同混合用途开发项目的组合方式，以优化创收。该评价将一体化开发项目划分为四个基本类别：基于站点、基于站域、基于走廊和基于城市。评价还对规划开发项目的区域、位置进行分类，从而为构建房地产组成部分提出建议性战略，并根据市场情况和现有供应的等级对住宅、零售、商业和酒店等个别组成部分进行详细分析。

### 3.4.2　地产开发组成及收益

轨道交通枢纽周边地产开发主要包括住宅、零售、商务办公及酒店。一体化开发建议优先进行混合用途开发，以提高步行可达性，实现站点物业高效利用，提升站区活力。在混合开发的项目中，适当的规模和商业项目的选择是确保开发盈利的关键因素。通常，在低密度市场，住宅开发决定房地产其他组成部分的需求；但是，在许多一体化开发中，微观市场是由商务办公和零售开发所支配的。因此，混合开发的使用比例是以交叉融资需求为出发点，对不同开发组成部分进行优化。

房地产需求通过两个指标来体现——价格和入住率。价格是房地产微观市场需求和供给环境的直接变量。入住率/出租率反映了市场的空缺（供求关系）状态。房地产收益率是可衡量未来收入或房地产投资收益潜力的指标，基于每个部分的盈利潜力，开发组成部分可按表3–5排序。

房地产开发各组成部分盈利表　　表3–5

| 序号 | 开发组成部分/组件 | 衡量指标 | 物业收益（年租金收入/资本价值） | 基于收入潜力的排名 |
|---|---|---|---|---|
| 1 | 酒店 | 每间客房收入，平均入住率 | 最高 | 1 |
| 2 | 零售 | 资本及租值 | 中等至偏高 | 2 |
| 3 | 商务办公 | 资本及租值 | 中等至偏高 | 3 |
| 4 | 住宅 | 资本及租值 | 最低 | 4 |

注：1. 此处所示的物业收益描述用于不同开发部分之间的比较。收益率通常由地点和微观市场条件等因素决定。2018年，商业收益率介于9%（圣保罗）至5%（北京）（仲量联行JLL Global Research 2018），而住宅收益率介于4%（圣保罗）至1.5%（北京）（www.numbeo.com）。
2. 资料来源：GPSC，2018.

要确定一个物业的房地产开发需求，应按图3–3所示的价格和入住率来衡量。在每种可能性范围内，必须评价潜在的土地利用组合，以最佳地平衡收入风险和收入潜力。

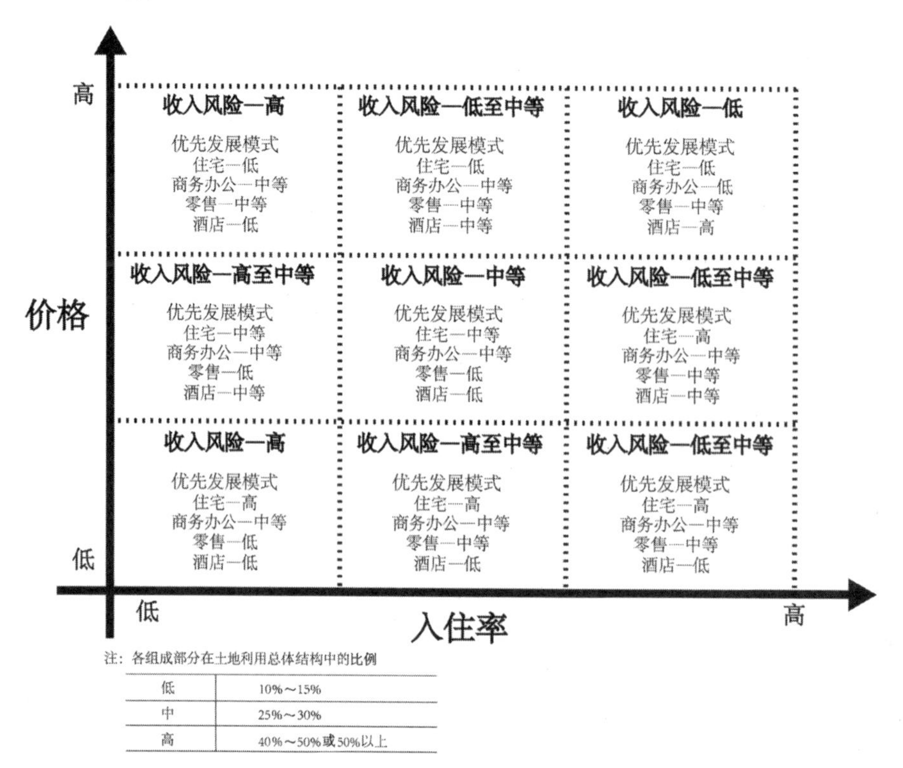


图3–3 从最高到最低价格和从最高到最低入住率的房地产条件的典型光谱的图形表示

轨道交通枢纽周边房地产开发需综合考虑车站等级和开发环境，住宅、零售、商务办公及酒店四种开发组成部分的开发潜力见表3–6。

房地产各组成部分开发潜力 表3–6

| 开发类别 | 车站等级 | 开发潜力 | | |
|---|---|---|---|---|
| | | 市区 | 郊区 | 未开发的地区 |
| 居住 | 单线车站 | 高潜力 | 高潜力 | 中等潜力 |
| | 核心换乘站 | 中高潜力 | 高潜力 | 中等潜力 |
| | 多式联运枢纽 | 低至中等潜力 | 中等潜力 | 高潜力 |
| 零售 | 单线车站 | 中等潜力 | 低潜力 | 低潜力 |
| | 核心换乘站 | 中高潜力 | 低至中等潜力 | 低至中等潜力 |
| | 多式联运枢纽 | 高潜力 | 中等潜力 | 低至中等潜力 |
| 商务办公 | 单线车站 | 高潜力 | 中等潜力 | 低潜力 |
| | 核心换乘站 | 高潜力 | 高潜力 | 低潜力 |

续表

| 开发类别 | 车站等级 | 开发潜力 | | |
|---|---|---|---|---|
| | | 市区 | 郊区 | 未开发的地区 |
| 商务办公 | 多式联运枢纽 | 中等潜力 | 高潜力 | 中等潜力 |
| 酒店 | 单线车站 | 中等潜力 | 低潜力 | 低潜力 |
| | 核心换乘站 | 中等潜力 | 低至中等潜力 | 低潜力 |
| | 多式联运枢纽 | 高潜力 | 中等潜力 | 低至中等潜力 |

来源：Global Platform for Sustainable Cities（GPSC）官方网站：https://www.thegpsc.org.

### 3.4.3 房地产需求评价资料

房地产需求评价所需的关键数据资料主要包括以下五个方面。

人口密度：包括城市区域、微市场领域（商务办公、零售业）的人口密度。

基础设施费用比率：即每平方米交通基础设施规划总投资除以每平方米土地费用。

物业价格比率：即每平方米物业均价除以每平方米土地成本。包括住宅、零售、商务办公、酒店的物业价格比率。

溢价供应比例：即微观市场A级物业的总供应量（以平方米计）除以微观市场B级物业总供应量（以平方米计）。包括：住宅、零售、商务办公、酒店的溢价供应比例计算。

入住率：入住单元占总单元的比率。包括住宅、零售、商务办公、酒店的入住率。

### 3.4.4 评价流程及指标体系

#### 1. 房地产需求评价流程

（1）了解区域或全市范围内的建设环境。了解并比较区域或城市范围内的经济发展趋势与一体化开发走廊或拟建项目所在站区的条件。

（2）划定一体化开发项目市场区域界线。定义一体化开发项目市场区域的两个边界：站点 5 km范围内为主要贸易区，8km范围内为次要贸易区，以了解市场的潜在规模、服务区域和支出潜力。

（3）进行供需分析。了解市场区域内不同开发组成的需求和供应情况。创建各开发部分的经济概况并编写竞争分析报告，以了解购买力和不同类型开发组成部分的风险和收入潜力。

（4）确定潜在和期望的地产开发组合。根据项目地点、投资风险和收入潜力确定最合适的房地产开发组合。

（5）准备开发计划。制定开发计划，其中包括开发成本、潜在收入和现金流、净现值（NPV）和内部收益率等要素。

完成上述评价后，结合评价结果编写房地产市场分析报告，建议将房地产市场发展趋势、通勤者出行特征、竞争优势与产业集群分析、长期居住和就业需求分析、建议的开发和再开发机遇、净现值和内部收益率的盈利能力和收入潜力、推荐的奖励办法和可能的融资结构等内容写入市场分析报告，综合评判站点周边房地产开发需求（GPSC，2018）。

### 2. 评价指标

评价全过程涉及的指标体系包括5个一级评价指标和33个二级评价指标，部分评价内容涉及更详细的评价要素（表3-7）。

房地产需求评价指标表　　表3-7

| 评价内容 | 一级指标 | 二级指标 |
| --- | --- | --- |
| 区域或全市范围内的建设环境 | 人口趋势 | 人口数量、人口密度、家庭户数 |
| | 就业趋势 | 就业人口总数、失业率、就业机构总数 |
| | 建筑活动 | 住宅、非住宅比例 |
| | 最大的区域雇主 | 经济分析 |
| 一体化开发项目市场区域界线 | 自然特征 | 湖泊、河流、山脉等自然地貌特征 |
| | 管辖范围 | 政治边界、邻里边界 |
| | 已建基础设施 | 铁路、公路、机场、大型工业设施等 |
| | 交通 | 交通流量、交通拥堵数据 |
| 供需分析 | 社会经济概况 | 人口趋势：年龄、家庭人口构成、迁徙情况等 |
| | | 经济趋势：家庭收入、可支配收入 |
| | | 旅游数据：酒店住宿情况 |
| | | 就业趋势：办公地产开发及规划 |
| | 竞争分析 | 住宅单元数量、不同类型房屋的面积、商业建筑空间供应、酒店客房数、土地价值（市场及评价）、租金收益率、已批准和计划的项目、地产入住率 |
| 潜在和期望的地产开发组合 | 项目地点 | — |
| | 投资风险 | |
| | 收入潜力 | |
| 开发计划 | 成本 | 土地收购成本；场地改善成本；规划、工程与设计成本；营销成本；物业税；一般管理费以及融资成本等 |
| | 收益 | 销售收入、销售百分比；租赁收入、租赁百分比；使用费用以及补助和贷款等 |
| | 项目时间表 | 前期开发阶段、建设阶段、稳定阶段时间表；资产管理、销售、运营时间表 |

来源：GPSC，2018.

## 3.5　交通走廊备选方案评价

交通走廊备选方案评价的目的是确定轨道交通的最佳线路走向，以确保一体化开发项目的效益最大化。根据世界银行相关研究，交通走廊备选方案评价包括对开发路线的初始范围进行评价，开展初步的走廊筛选和详细的走廊筛选三个方面。评价并确定轨道交通的最佳线路走向，以确保一体化开发项目的效益最大化。

### 3.5.1　开发路线初始范围评价

开发路线初始范围的确定与评价需要对相关数据和利益相关者的反馈意见进行综合分析。具体做法是绘制初始走廊，并收集利益相关者、市政和交通部门以及公众的反馈，包括人口和工作岗位密度、目的地和土地利用情况、现有研究成果及建议等。其初步参考标准见表3–8。初始评估过程中要特别重视公众参与，需要考虑利益相关者的规划意见，该过程涉及两类利益相关者，包括主要利益相关者（交通规划部门、城市规划部门）和次要利益相关者（正式和非正式交通运营商，规划师，住房、基础设施和交通部门，邻里、社区组织等）两类。

初步参考标准　　表3–8

| 指标 | 测量标准 | 重要性 |
|---|---|---|
| 人口和工作密度 | 通过普查数据和其他调查确定的住房单元和工作的密度 | 人口密度高的地区，确保可以公平地满足所有人的出行需求 |
| 目的地和土地利用 | 通过OD图和土地利用图确定的城市内主要出行开发潜力（工作日和周末） | 服务于公共场所和高活动中心，可缓解拥堵的可能性，并确保最佳乘车率 |
| 已有研究成果 | 审查现有规划和政策文件中的建议，确保它们仍然相关和有效 | 确保对现有的（和相关的）研究进行评价，并在规划中给出建议，如交通总体规划、总体规划等 |

来源：GPSC，2018.

### 3.5.2　走廊筛选标准和指标

走廊方案的评价和筛选需要根据走廊筛选标准、相关数据分析以及利益相关者的反馈意见进行。筛选指标包括城市愿景和目标、运输需求、易于实施和业务可行性以及社区建设四类（表3–9～表3–12）。

走廊筛选标准1——城市远景和目标 表3-9

| 准则 | 初始筛选措施 | 详细筛选措施 |
| --- | --- | --- |
| 增长潜力 | 走廊500m范围内的人口密度（人/$hm^2$）和就业密度（工作/$hm^2$）预测（10年）（越高越好） | 支持增长管理，将重点放在战略位置的高强度、多用途开发上；支持以轨道交通为导向的开发（公共交通社区），符合沿快速交通走廊和交通站发展的激励措施 |
| 经济发展 | 与走廊500m范围内现有或拟建的主要增长中心的连接（越高越好） | 有能力吸引和留住人才，影响长期就业目标，提高企业生存能力和吸引力 |
| 混合利用开发潜力 | 沿走廊500m缓冲区内有混合（2个或更多）土地利用的区域（越高越好） | 新的混合利用开发或再开发中土地可用性和市场接受度 |
| 土地价值获取潜力 | — | 走廊沿线物业价值提升，增加了走廊沿线居住的吸引力 |

来源：GPSC，2018.

走廊筛选标准2——运输需求 表3-10

| 准则 | 初始筛选措施 | 详细筛选措施 |
| --- | --- | --- |
| 车站载客量潜力 | 现有及预计的人口和就业密度；现有运输服务的交通载客量（越高越好） | 与交通网络上所有模式的交通系统容量（人/h）相比，对公共交通客运量进行长期预测 |
| 出行时间改善潜力 | 路线长度；汽车平均延迟时间；最大*V/C*比；行驶时间（汽车与现有公交）（性能较低的道路是首选） | 与主要交通工具相比，预计主要出行者的出行时间，出行时间应有实质性的改善 |
| 现有公交网络整合 | 现有公交网络的换乘点（越高越好） | 与现有和规划中的当地、快速和区域交通系统整合的可能性，重点在于最大潜力的网络延伸和未来的扩展 |
| 交通服务的稳定性 | — | 影响交通服务稳定性、频率、质量和灵活性的通行特性，比如轨道的可用宽度 |
| 支持主动运输 | — | 支持主动出行选择（例如步行、骑自行车和公交）的城市形态特征，包括：<br>（1）街区大小和街道连通性<br>（2）提供步行和骑自行车的场所 |

来源：GPSC，2018.

走廊筛选标准3——易于实施和业务可行性 表3-11

| 准则 | 初始筛选措施 | 详细筛选措施 |
| --- | --- | --- |
| 执行能力 | 由一个或几个协调机构协调管辖（协调挑战越少越好） | 分阶段实施，确保轨道网络的相对灵活性 |
| 易于施工 | 可获得的通行权和最小的不可移动的障碍物（空间越大越好） | 施工的数量和复杂性 |

续表

| 准则 | 初始筛选措施 | 详细筛选措施 |
| --- | --- | --- |
| 财务可行性 | 根据运营环境和模式的类型，预估每公里人均年度成本 | 快速成本效益分析（CBA）将实施和运营成本与潜在收入和生活质量收益进行比较 |
| 财产影响 | — | 尽量减少土地征用或重大土地调整的需要；避免对财产所有权或财产价值造成不应有的负面影响 |
| 环境影响 | — | 尽量减少对指定的重要环境地区、湿地和省级重要湿地、鱼类栖息地、林地和重要林地、重要河谷地或环境敏感地区、濒危和受威胁物种的栖息地和指定的具有自然和科学价值的地区的影响 |

来源：GPSC，2018.

走廊筛选标准4——社区建设和振兴　　表3-12

| 准则 | 初始筛选措施 | 详细筛选措施 |
| --- | --- | --- |
| 支持包容性增长目标 | 中低收入社区可以选择能负担得起的出行方式并从中受益，以方便到达城市节点和目的地（越高越好） | 与规划增长、填充和集约化相比，具有较高承受能力的其开发潜力也较大 |
| 与社区和商业区的连接 | 通过密集的街道网络实现更高的邻里渗透度和可达性选择（越高越好） | 提升社区便利设施（学校、图书馆、医院等）的使用率，同时保持车辆进出住宅和商业物业，并尽量减少车辆对邻近社区的干扰 |
| 强化潜力 | 指定用于增长和集约化开发的走廊是更可取的，因为它们的开发潜力和支持高客运量的潜力随时间推移而增强（优先提供未充分利用的地块） | 在走廊500m缓冲区内可供强化的土地，包括：<br>（1）停车场<br>（2）未充分利用的空间<br>（3）破旧/生命周期终止的建筑物<br>（4）过渡性土地利用，例如旧工业用途等 |
| 公共空间及设施 | — | 允许更多地使用公共领域并提升美感，增强社区联系，通过设计来保障安全，并最大限度地减少对现有公共和私人树木的影响 |
| 文化遗产的影响 | — | 将对建筑文化遗产特征和考古资源的影响降至最低 |
| 气候适应能力 | — | 遵循城市密集化原则应对全球变暖趋势（例如洪水、干旱）；降低空气污染和温室气体（GHG）排放的影响 |

来源：GPSC，2018.

## 3.6 基建承载能力评价

基础设施是规划可持续城市和弹性城市的基础（Pollalis，2016）。在一体化开发中，如果疏于对基础设施承载能力的考虑，可能会导致城市宜居性进一步恶化。因此，一体化开发的可行性和可持续性必须包括对基础设施的评价，以确保不仅能够满足城市目前的基础设施需求，并且有能力满足未来的基础设施需求。该评价主要目的是确定城市是否具有高质量和高可达性的基础设施①。

### 3.6.1 基建承载能力评价流程

不同的开发环境对基础设施评价流程有所不同：在未开发地区进行项目建设，不会受先前工作的约束，因为该类项目是在未利用的土地上进行建设，不需要改造或拆除现有的建筑物；而在城市建成区内（包括城市建成区和郊区建成区）已有一定规模的公共基础设施和其他公用设施，并且有可能将现有的已建建筑物转换为其他用途。不同开发环境中基础设施承载能力评价流程如图3-4所示。

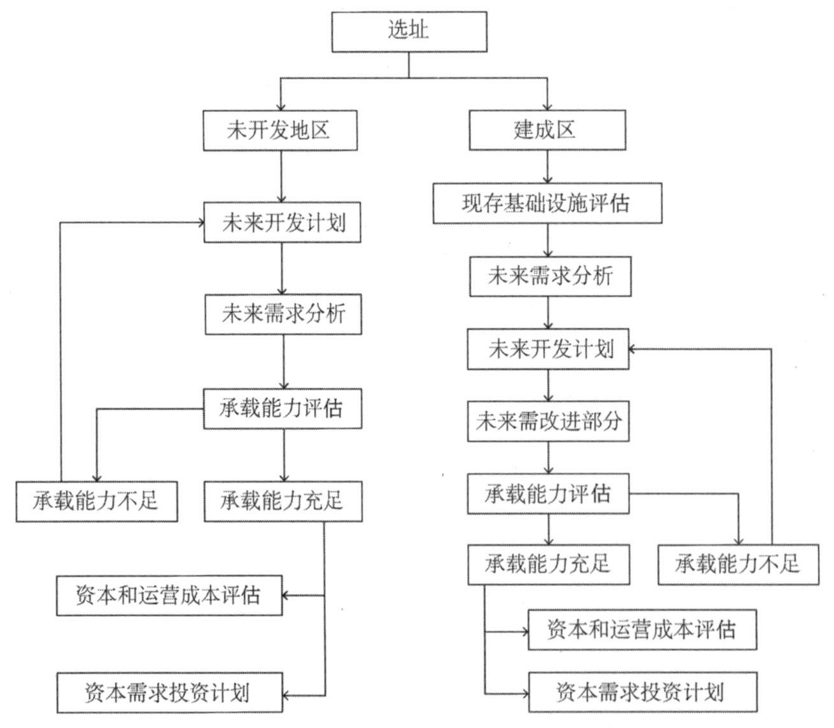


图3-4 基础设施承载能力评价流程图

来源：GPSC，2018.

① 参考：GPSC，2018.

## 3.6.2　评价内容及指标

### 1. 物质基础设施评价

物质基础设施是指城市的基本服务供应系统，包括供水、污水、固体废弃物管理、能源和景观等设施，此外，行人和自行车基础设施也是物质基础设施的组成部分。这些系统建设属于高成本投资，对城市发展至关重要（Pollalis，2016），因此，有必要对区域内物质基础设施进行评价。物质基础设施评价指标清单见表3-13，分为两个指标层级，并且不同开发环境下的物质基础设施评价目标也有所差异。

物质基础设施评价清单　表3-13

| 一级指标 | 二级指标 | 评价目标 | |
|---|---|---|---|
| | | 城市未开发地区 | 城市建成区 |
| 供水系统 | 耗水量、供水量、水处理、水网 | 确定资本投资需求 | 确定现有的设计容量，并满足额外的供水需求 |
| 污水系统 | 污水生成、污水处理 | 确定资本投资需求 | 确保有足够的能力满足额外的污水处理需求 |
| 能源系统 | 能源消耗、能源供应、发电量、配电和输电 | 确定资本投资，保障能源供应 | 评价和管理现有电网容量 |
| 固体废弃物处理 | 固体废弃物的生成、转移、处理、收集和转运 | 确定废物处理、收集和转移的资本投资 | 明确多余固体废弃物的产生量 |
| 信息系统 | 信息需求、信息采集和通信方式、信息节点、信息网络 | 确定资本投资和安全信息需求 | 确保能够满足额外信息需求量的增加 |
| 景观设计 | 景观需求、模式、规划、后期维护 | 了解现存问题和规划机遇 | 识别景观提供功能需求的能力 |

来源：GPSC，2018.

### 2. 社会基础设施评价

社会基础设施包括公共管理设施、公共服务设施以及商业设施，比如学校、医院、监狱、警察局、消防站、市场等。任何城市中心的生活质量都取决于是否有高质量和高可达性的社会基础设施。社会基础设施评价指标清单见表3-14，分为两个指标层级，并且不同开发环境下的社会基础设施评价目标也有所差异。

社会基础设施清单 表3-14

| 一级指标 | 二级指标 | 评价目标 | |
|---|---|---|---|
| | | 城市未开发地区 | 城市建成区 |
| 医疗卫生 | 充足性、可达性、可负担性、质量 | 确定分区预留区和资本投资需求 | 确保有充足的医疗设施以服务于更多人口 |
| 教育 | 同上 | 同上 | 确保有充足的教育设施以服务于更多人口 |
| 娱乐活动 | 同上 | 同上 | 确保有充足的休闲娱乐区，以满足额外需求 |
| 警察局、消防及其他 | 充足性、可达性、质量 | 同上 | 确保有充足的应急服务设施，以满足额外需求 |

来源：GPSC，2018.

# 第4章　轨道交通枢纽与城市用地一体化建设的方法

城市轨道交通枢纽与城市用地一体化建设是实现一体化开发的关键环节，本章分别从轨道交通枢纽与城市用地的一体化规划、轨道交通枢纽一体化换乘系统规划、轨道站域地下空间的一体化规划、一体化建设流程四个板块来梳理一体化建设的思路，探讨一体化建设的方法。

## 4.1　轨道交通枢纽与城市用地的一体化规划

### 4.1.1　轨道交通枢纽站点分类

为合理确定一体化建设的范围、不同性质用地的空间布局和开发强度、综合交通系统的结构以及接驳方式等，应首先确定城市轨道交通枢纽的分类。现有研究对城市轨道交通枢纽的分类标准大体可分为场所导向、节点导向和“节点＋场所”综合三大类。场所导向主要考虑车站服务区域的城市功能，节点导向则侧重于枢纽本身的交通功能。城市轨道交通枢纽由于所处区位不同，接驳交通方式的种类、数量以及客流集散和换乘规模不同，交通接驳设施的规划设计和周边用地一体化建设的模式与要求也会有所不同。因此，应兼顾交通节点与城市场所的双重特性，根据枢纽承担的交通功能和所在区域的城市功能定位，对枢纽进行分区分类，以便有效指导不同类型枢纽周边的一体化建设。

综合考虑中国城市轨道交通枢纽的建设情况，根据枢纽接驳交通方式的类型、数量、所处城市区位及区域功能定位对土地开发的不同要求，可将城市轨道交通枢纽大体分为城市对外综合交通枢纽、城市综合交通枢纽、片区综合交通枢纽、一般交通枢纽和城市普通站5种类型（表4-1）。

轨道交通枢纽站点分类　　表4-1

| 交通枢纽分类 | 功能 | 包含的主要交通方式（按照优先顺序） | 规划设计范围 |
|---|---|---|---|
| 城市对外综合交通枢纽 | 主要承担城市对外交通（铁路、机场、公路客运、港口码头）功能 | 主要包括城际交通、城市轨道交通、城市公共交通 | 2～3km半径或10～20km范围 |
| 城市综合交通枢纽 | 位于城市核心区，服务城市整体范围，城市内部交通为主 | 城市轨道交通、常规公共交通系统交会衔接，几乎具备全部城市交通方式 | 1000～2000m半径范围 |
| 片区综合交通枢纽 | 位于片区中心，服务于城市某个片区或组团范围的交通枢纽，兼顾整个城市需求 | 轨道交通为主；通过性公共汽车、自行车、步行、出租车、少量小汽车 | 500～1000m半径范围 |
| 一般交通枢纽 | 主要服务于城市某个功能区块的交通枢纽 | 两条轨道交通相交；轨道交通、公共汽车为主，自行车、步行、少量出租车 | 250～500m半径范围 |
| 城市普通站 | 主要是指以服务于社区功能为主的站点，位于居住区或社区商业中心 | 单个轨道交通站点，自行车、步行衔接为主 | 250～500m半径范围 |

### 4.1.2　一体化规划设计范围

1998～2002年，Schütz（1998）、Pol（2002）以大量高铁枢纽站区开发案例为基础，对高铁枢纽的影响范围和层次进行研究，提出以高铁车站的可达性为区分标准的站区空间圈层发展结构模型。第一圈层为核心圈层（primary development zones），指高铁枢纽周边步行5～10min的范围，是高铁车站的直接影响区。由于土地和房地产升值很快，第一圈层适合开发高等级的商务、办公、居住等功能，故多采用高密度开发模式。第二圈层（secondary development zones），指高铁枢纽周边步行10～15min的范围，是高铁车站的间接影响区。作为第一圈层功能的拓展和补充，第二圈层物业价值和开发密度较低，城市开发功能以商务、办公为主。第三圈层（tertiary development zones）指高铁枢纽周边步行超过15min 的范围，受高铁车站影响不明显，外缘基本与城市普通发展区融为一体。据此，一体化规划设计范围主要为第一、二圈层。

从距轨道交通车站的距离、所处自然环境条件等方面，量化统计日本东京、新加坡、韩国首尔、中国香港的一体化规划设计范围（表4-2）。案例的一体化建设范围基本为枢纽周边步行5～10min的范围，具体受到车站密度和自然环境等条件的约束。城市中心区由于车站密度高，一体化建设范围差异不大，一般为500～600m半径范围。而位于城市郊区的车站，由于所在地区的地理环境、规划目标不同，各枢纽周围用地开发范围存在较大差异。

东京、新加坡、首尔、中国香港城市轨道交通枢纽一体化建设范围　表4-2

| 城市 | 城市中心区（m） | 城市郊区（m） |
|---|---|---|
| 日本东京 | 650 | 1500 |
| 新加坡 | 500～600 | 750～1000 |
| 韩国首尔 | 600 | 1000 |
| 中国香港 | 500 | 700 |

中国城市正处于大规模的新城建设阶段，是实现交通与用地一体化建设的最佳时期，故应在更大尺度上考虑交通与土地利用的一体化。目前，很多高铁车站及新机场周边的新区建设已经不是简单的交通枢纽及其周围用地的一体化建设，而是高铁新城和空港新城的一体化建设问题。针对中国大城市轨道交通枢纽周边建设情况给出如下意见：

（1）枢纽半径200m为核心影响范围，该范围内城市对外综合交通枢纽应重点进行各种交通的接驳规划设计，实现枢纽内各种交通方式的一体化换乘；

（2）位于城市中心区的枢纽，可根据枢纽间距的不同，将500～1000m的步行范围作为一体化建设的主要控制范围；

（3）位于城市郊区的枢纽，应结合枢纽周边的自然环境条件具体考虑，当道路通达性较好时，一体化建设的主要控制范围可扩大至1500m；

（4）枢纽应因地制宜，结合各自的区位条件、地理位置等综合因素确定开发范围。

### 4.1.3　一体化空间布局模式

根据轨道交通枢纽种类不同，周边用地一体化建设的空间布局可以归纳为三种模式。

#### 1. 水平开发模式

适用于大型城市对外综合交通枢纽，例如高铁客运枢纽。由于客流量巨大，枢纽一般作为城市地标独立建设，周边一定范围内以高铁枢纽为核心进行混合功能的土地开发，一般以枢纽为中心由内向外依次采用商业——商务——住宅用地的圈层布局模式（图4-1）。典型案例为日本新宿铁路枢纽地区开发。

### 2. 垂直开发模式

又称上盖物业模式，适合经济发达且建设用地紧张的国家或地区，普遍应用于各类枢纽，是中国香港和日本城市轨道交通枢纽常见的开发模式。该模式将交通枢纽与其他城市功能体通过组合形成新型城市综合体，一般最下层布置车站，上方依次布置商业、商务、住宅等空间（图4-1）。这种模式的特点是交通枢纽的形态被弱化、复合城市功能体的建筑面积一般远超过场站的建筑面积，例如日本京都站的车站本体面积与综合体总面积之比达1：20。典型案例包括中国香港九龙站、韩国龙山KTX高速铁路车站、日本新横滨站、德国柏林中央车站等。

### 3. 混合开发模式

混合开发模式（图4-1）是上述两种模式的组合，兼具二者的特征。这种开发模式的优点是能够给城市带来长期的环境和经济效益，但其建设成本也是三种模式中最大的。巴黎拉德芳斯综合交通枢纽地区开发和阿姆斯特丹 Zudias站区开发计划是混合开发的典型案例。Zudias站原本是位于城市南侧的一个小站，20世纪末由于欧洲高速铁路网的建设而升级成为国际高速列车的终点站。由于区域地位大幅提升，政府决定对Zudias站进行升级改造以带动城市发展。1998年，议会通过Zudias地区的总体规划。为保证城市空间的连续性、解决铁路的阻隔问题，规划最终选择将14km内的铁路基础设施沉入地下，释放大量的地面空间进行商务、办公、住宅、公园绿地等项目的开发。到2018年，上盖区域的建设总量达到300万$m^2$。这种建设量基本与法国拉德芳斯新区持平，对荷兰来说是史无前例的。

目前，中国高铁车站等大型城市对外综合交通枢纽地区大多采用水平开发模式。垂直开发模式与混合开发模式体现土地集约化和混合功能开发的特点，随着中国城市轨道交通建设的不断推进，这两种模式应成为城市轨道交通枢纽开发的首选。

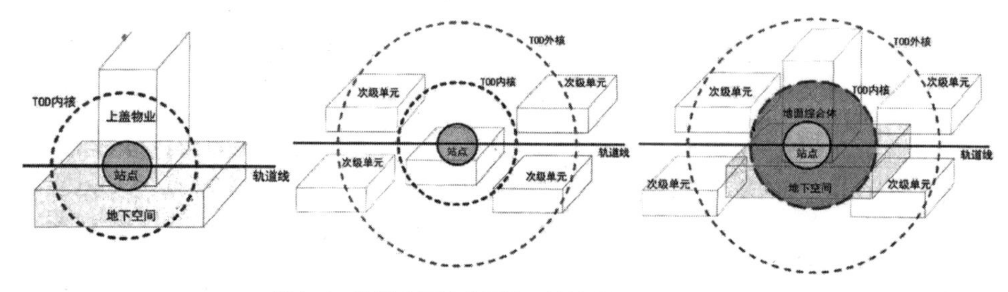


图4-1 轨道交通站点周边用地的空间布局示意图

来源：方雷 等，2012.

### 4.1.4　一体化开发用地性质

研究东京、新加坡等城市案例后发现城市枢纽周边用地具有如下特点：① 用地性质一般以交通、商务、商业、居住和生活配套服务设施等为主；② 在规划设计中注重不同功能建筑和用地在水平和垂直方向上的混合开发；③ 不同级别、区位的枢纽在用地性质的比例分配上差异较大。随着枢纽所在区域城市功能级别的降低，商业与商务用地比例下降，居住用地比例升高。具体而言，在城市对外综合交通枢纽、城市综合交通枢纽以及片区综合交通枢纽地区强调商业与商务的混合；在一般综合交通枢纽地区和城市普通站，商业与住宅的比例较高。因此在实际建设中，应根据枢纽规模类型、地块位置等因素统筹考虑，因地制宜地进行规划设计。针对不同级别的枢纽提出相应的用地性质开发指导建议，见表4–3。

不同站点周边适宜开发用地的类型　　表4–3

| 枢纽分级 | 适宜开发的用地类型 |
| --- | --- |
| 城市对外综合交通枢纽 | 200m核心范围内保障客流高效、便捷集散的广场、多模式交通换乘设施、配套服务设施等。适合开发24h旅店、综合商业、饮食和文化等，枢纽200m范围内不宜开发办公和居住用地 |
| 城市综合交通枢纽 | 宜开发金融商贸、综合商业、旅馆、娱乐、餐饮等商业业态 |
| 片区综合交通枢纽 | 应加强商务办公和商业开发，如零售商业、商务办公（针对本区域的产业特色）、金融保险、文化传媒、公寓、生活服务设施；可开发商业功能，宜配置酒店、公寓、休闲、娱乐、饮食等多样化业态 |
| 一般交通枢纽 | 结合服务对象特点（行政中心、科教中心、体育中心、大型医院、学校、影剧院、旅游区等其他活动中心）进行用地开发，混合居住用地 |
| 城市普通站 | 用地开发以居住、生活配套服务设施（小型超市、便利店、市场、体育活动场地等）为主。应加强居住用地开发强度，兼有一定的商业开发满足乘客需求，以休闲、娱乐饮食等业态为主 |

#### 1. 城市对外综合交通枢纽

枢纽周边开发以交通用地为主，200m核心范围内优先建设交通保障设施（如集散广场、交通接驳场站和换乘设施等）。土地开发类型按重要性由内而外依次为交通设施、商业、商务、居住。枢纽周边保证一定面积的广场绿地等开敞空间，确保人流集散、交通组织和防灾功能，展现城市门户形象，彰显城市特色。

2. 城市综合交通枢纽

位于城市商业或商务中心。建议枢纽周边开发以商业和商务为主，商业以金融商贸、综合商业、公寓酒店、娱乐、餐饮等业态为主。开发与城市中心相匹配的公共开放空间，供乘客换乘和休闲活动。枢纽200m范围内建议开发集零售商业、商务、餐饮娱乐、文化休闲等功能于一体的城市综合体，鼓励不同用地性质和功能空间在水平和垂直空间上的混合开发。应高度强调多种交通方式的无缝衔接、开放式设计、便捷的人流组织、良好的方向感和场所可识别性，并通过站前广场与城市道路系统的顺畅连接，突出地面层作为综合枢纽的主体，体现绿色和景观。

3. 片区综合交通枢纽

位于城市片区中心，具有引导城市中心区功能转移的作用，应加强针对本区域产业的特色商务、金融保险、文化传媒和零售商业的开发，同时配备完善的生活服务设施。配备片区级公共开放空间，为乘客中转换乘、片区内出行服务。用地配置在保证交通功能的基础上以商业、商务为主体。

4. 一般综合交通枢纽

结合服务对象行政中心、体育活动中心、大型医院、科教、影剧院、旅游景点等的特点进行用地开发。混合居住用地在保证交通功能的基础上以居住用地为主体。

5. 城市普通站

此类枢纽是轨道交通客流的主要来源。用地开发以居住、生活配套服务设施为主（便利店、超市、菜市场、体育活动场地等），兼顾以娱乐休闲、餐饮等业态为主的商业开发。

### 4.1.5 一体化用地开发强度

可达性良好的城市轨道交通枢纽具有影响城市活动空间分布的能力，随之带来的集聚效应能够拉动周边地区土地升值、产业更新，形成新的增长极。进而引导城市空间结构由单中心向多中心转变，分解单中心城市生长过程中产生的集聚压力，实现城市空间均衡、可持续发展。因此，轨道交通枢纽影响范围内的用地应当保持较高的开发强度，以满足人口和产业的集聚。

东京都1996～2013年的开发计划中，日本政府对东京站周边的CBD地区（大手町—丸之内—有乐町）进行高强度开发规划，在1.2km范围内容纳就业人口23.1万人，商业和商务用地容积率达7.9以上（東京都都市整備局，2012）。

九龙新客站是香港赤鱲角新机场规划中西九龙快速交通走廊的最大枢纽。

枢纽建设与周边开发融为一体，共同规划形成一个功能复合的站区新城。九龙枢纽中的交通综合体共有6层，集空港快运、公交总站、出租汽车停靠、社会停车等交通功能于一身，同时在顶层提供居住、购物、办公、酒店以及娱乐等各项设施。其中，地下层主要是地铁停靠及社会车辆停车空间；地面层以公共汽车、出租汽车停靠为主；架空层以休闲、购物及乘客进出站为主；站场顶层是车站建筑和为周边塔楼配套的开放空间及通道。乘客可在站场内部进行便捷换乘，各种交通方式布局以分层进出为准则。站场顶层平台视野开阔，大面积的屋顶绿化形成良好的城市门户景观。枢纽周边以高层建筑为主，共规划22座塔楼（其中包括8座高层住宅、2座办公大楼、1座多功能建筑及1座酒店）。站区周边平均容积率为7.8，其中商业开发地块容积率达到8以上，整个站区新城建筑面积22万$m^2$，可满足5万人居住与生活（Farrell，1996），成为机场交通走廊上人气鼎盛、经济繁荣的核心区域。

考虑中国开发建设的实际情况，本书采用控制容积率下限以提升一体化建设范围内用地开发强度的方法，给出枢纽周边开发强度下限的相关建议（表4–4）。对不同性质用地应根据所处区位和车站功能级别进行分类分区控制，容积率与土地价值总体上呈正比的关系。例如商业和商务用地的开发强度高于居住用地。居住用地开发在适度提高容积率的基础上要考虑日照间距和建筑朝向，营造舒适宜居的空间环境。所有枢纽的开发强度上限不应突破各地城乡规划管理技术规定的最大值要求，位于老城历史文化街区的枢纽开发不应超过相关限高要求，可考虑结合风貌保护的要求开展专项研究，确定适宜的开发强度和方式。

枢纽周边开发强度下限　　表4–4

| 交通枢纽分类 | 平均 | 容积率控制下限<br>商业、商务 | 容积率控制下限<br>居住 |
|---|---|---|---|
| 城市对外综合交通枢纽 | 2.5~3.5 | 5.0~6.0 | 2.0~2.5 |
| 城市综合交通枢纽 | 3.5~4.0 | 5.0~6.0 | 3.0 |
| 片区综合交通枢纽 | 2.5~3.0 | 4.5~5.5 | 3.0 |
| 一般交通枢纽 | 2.0~2.5 | 3.5~4.5 | 2.5~3.0 |
| 城市普通站 | 2.0 | 3.0~4.5 | 2.0~2.5 |

具体规划方案地块的容积率应结合站点周边地区的交通区位和城市功能定位等因素综合考虑，由四周的用地性质、道路交通情况、轨道交通站点的规模、集疏客运量等共同确定。

### 1. 分类分区位控制原则

居住用地的容积率调整幅度不宜过大。尽管轨道交通对居住用地的吸引最强，但是居住用地的开发强度弹性却较小，根据不同城市建筑的日照间距和居住建筑朝向要求，居住用地的容积率值是有其合理范围的，上限值受到城市相关规划技术管理规定的约束。对于现状开发已较为成熟的地块，其开发强度要与周边地块适度平衡。位于中心区的居住地块在满足日照及相邻权的条件下适当提高开发强度。

商业办公用地开发强度的弹性较大，可以根据土地经济性的需要进行较大幅度的调整。土地开发成熟度较高的中心区内商务办公地块的开发强度原本已较高，受轨道交通的影响不如城区外围新开发地区显著，一般需要通过城市设计方案进行布局研究予以确定；城区外围新开发地区地块的开发强度与商务办公建筑的需求总量相关，总体上其开发强度应低于中心区。无论是居住用地，还是商业办公用地，其开发强度上限应不高于当地的城乡规划管理技术规定的最大值；下限则不能低于城乡规划管理技术规定中的一般性通则。

近期开发充分尊重现状，远期开发趋于理想值。近期对开发强度的控制应充分考虑现状实际，主要针对可开发用地；远期开发强度则可按照理想状态予以控制。历史保护街区较多的城市，对建设强度的控制应充分考虑各类控制和保护内容，不得突破相关限高要求。

### 2. 站点周边开发强度建议

在综合考虑国内外开发建设经验类比基础上给出站点周边开发强度下限建议见表4-4，开发强度上限应参考各地的城乡规划管理技术规定。

对于已编制控制性详细规划的站点地区的具体开发强度方案，各地应结合地方城乡规划管理技术规定，在对用地性质、地块区位、与轨道站点距离等因素进行交叉分类的基础上提出容积率的修正幅度，得出轨道站点周边地块容积率调整幅度的指导建议值。

## 4.1.6 一体化用地建设要点

在实际建设中，应根据枢纽规模类型、地块位置等因素统筹考虑，因地制宜地进行规划设计，对于不同枢纽地区采用分区分类控制原则，针对不同级别类型的枢纽提出相应的用地开发指导建议，有目的地引导站点周边土地的高强度混合开发和再利用，使沿线原有的分散型用地向集约土地性质调整（表4-5、表4-6）。

不同类型站点周边用地开发建议要点　　表4-5

| 枢纽分类 | 功能 | 土地开发建议 |
|---|---|---|
| 城市对外综合交通枢纽 | 综合交通枢纽所在地，以交通客流集散为主要功能，凭借良好可达性带动周边地区发展，形成新的城市中心 | 枢纽合理安排与各种交通方式的一体化衔接，实现与轨道交通、公共汽车、出租车、小汽车的无缝换乘。充分发挥其内外交通节点的转换功能。枢纽内部及周边建立完善的步行系统并与城市步行系统保持连续性。枢纽周边开发以交通用地为主，优先建设交通保障设施。土地开发类型按重要性由内而外依次为交通设施用地、商业、商务办公、居住。枢纽周边保证一定面积的公园绿地等开敞空间，确保应留集散和防灾功能，充分展现城市门户的形象 |
| 城市综合交通枢纽 | 位于城市核心的商贸、商务分布地区，人口密度较高，有良好的区位优势和聚集效应。服务城市整体范围，城市内部交通为主 | 完善其大型商业金融、行政办公、文化娱乐、服务、公寓等功能，提供更多的混合用地以及服务于城市较大范围的公共开敞空间。确保不断拓宽的道路空间中步行空间的充足和舒适，建立完善的步行系统，确保各种交通方式换乘的便捷，并提供与周边设施的无缝衔接。减少小汽车车位供应，引导乘客采用轨道交通出行。对站点周边土地进行高密度的综合上盖开发。形成能与城市形象、与分担中心功能的城市主风格相匹配的物质景观 |
| 片区综合交通枢纽 | 位于城市各级商业、商务、娱乐、服务中心区的站点 | 具有引导核心区城市功能转移的作用，应加强办公和商业开发，可开发高品质商业功能，宜配置酒店、公寓、休闲、娱乐、饮食等多样化业态，以保持片区的地区活力。对站点周边土地进行高密度的上盖开发。提供更多功能设施及混合用地，完善其综合商业服务功能，应加强公交等交通衔接设施配套，促进各种公共交通方式衔接。保证轨道交通车站与邻近商业、娱乐等建筑及公交设施的便捷联系，建立舒适、完善的步行系统。在用地条件许可的情况下，设置下沉式城市广场，通过绿色开敞空间合理组织轨道交通站点、社会停车场、公交站点之间的交通联系。形成与城市次级中心功能主题相匹配的物质景观 |
| 一般交通枢纽 | 位于如行政中心、科教中心、体育中心、大型医院、学校、影剧院、旅游区等其他活动中心 | 完善相应的配套服务设施，提供适度的商业休闲设施。注重站点周边优美、个性景观环境的创造，以及公共空间、步行空间的提供，营造浓浓的文化、休闲氛围，表现城市的特殊风貌。道路空间满足各种交通方式的出行，确保与不同等级公交设施活动中心的接驳，以满足大量人流的集散 |
| 城市普通站 | 主要是指以服务于社区功能为主的站点，位于居住区或社区商业中心 | 配置适度规模的商业服务等设施以及为社区服务的公园或公共空间，用地注重支持多种功能的使用，提供更多就业岗位。一般公共建筑服务设施应围绕地铁站设置，在其外围布置住宅用地，道路用地和公共绿地的布局结合公建用地和住宅用地，营造舒适、充满情趣的空间环境。居住类型呈现多样化，本着实用方便的原则，轨道交通车站出入口与居住区主要人流出行通道及公交设施相对应，建立完善、优美的步行系统。对站点周边土地进行中、高密度的以居住和配套性服务设施为主的开发 |

分区控制策略原则建议 表4-6

| 土地开发特征 | 原则策略 |
| --- | --- |
| 新开发区 | 注重调整用地功能、提高土地开发强度、优先布局城市功能设施。合理组织轨道站点周边用地空间布局与密度分配，能够支撑轨道交通系统的可持续运营。形成轨道枢纽两侧各500m范围内，以高强度开发的多功能、混合用地（如居住、商业、办公等）为主，向外围密度逐渐降低，并向人流量少的用地性质过渡；各类公共交通接驳良好的新型城区 |
| 已建成区 | 土地开发应以用地整合及综合改造为主，充分考虑现状，适度调整用地功能与开发强度，开发强度保持与现状控制指标适度平衡，用地控制主要侧重于土地功能的置换，提高土地利用价值。对轨道站点周边500m范围进行用地功能和开发密度的优化调整，协调好改造地区与保留地区的关系，并完善与公交、步行系统的接驳设施，充分发挥轨道交通系统对城市功能的支撑和指导作用 |

### 4.1.7 一体化用地规划案例

以珠海金湾枢纽一体化开发建设方案为例，金湾枢纽作为城市对外综合交通枢纽，既承担着西部中心城区对外的交通功能，同时又是金湾片区的内部交通换乘中心，未来客流量十分大。若是以小汽车为主体的出行方式，将带来难以满足的道路使用需求。在金湾站及周边区域适时引入一体化开发模式，可以极大地缓解和疏导区域道路交通压力，引导城市区域的良性发展。金湾站的TOD模式设计方案按照如下4项设计原则展开：推动各交通方式间（对外—市内、市内—市内）便捷换乘；倡导公交优先，提高公交设施的便利性、舒适性及可靠性；构建舒适的步行环境，使得轨道交通站点到周边主要设施步行可达；合理高效综合开发站点周边土地，在获得一定社会效益、回报的同时，提升轨道交通的使用率。

#### 1. 金湾枢纽周边用地现状

根据A、B片区控制性详细规划及西部中心城区总规的土地利用性质规划，可见在金湾站周边500m半径范围、800m半径范围的土地利用情况、容积率控制情况（图4-2中红色括号内数字即为各地块的容积率）。金湾站的北面、东面、南面全都是二类居住用地，西面是中等职业学校用地，同时周边分散着绿地及公园用地。

（1）用地规划

根据图4-3可知，金湾站周边500m范围内，居住用地性质高达53.6%，绿地占据了26.6%，剩余则是政府社团用地；半径800m范围内，虽然用地性质更加多元化，但居住用地仍然最高（45.6%），绿地和政府社团用地都在20%的份额左右，其他性质用地非常少。

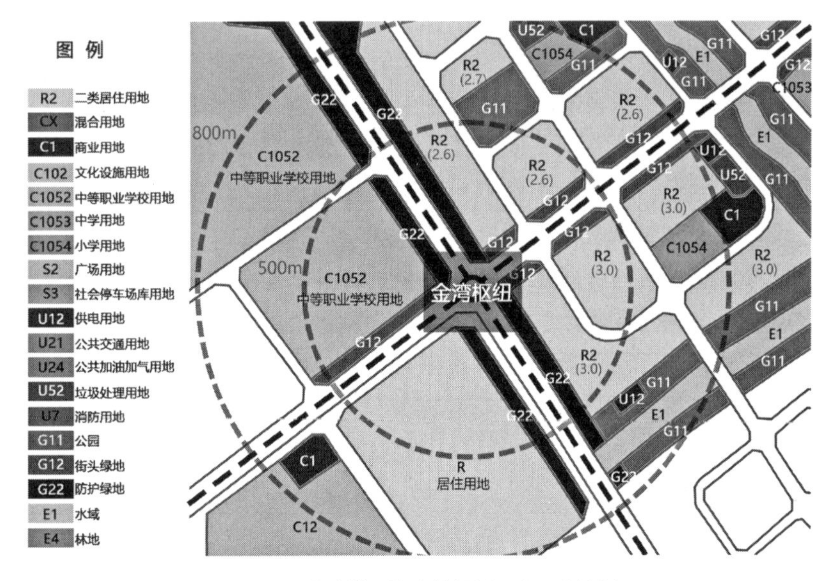


图4-2　金湾站周边土地规划及容积率控制

金湾枢纽站暂时未预留交通设施用地，同时周边以居住用地为主，商业用地基本没有。所以，有必要对金湾枢纽周边的土地利用性质进行调整，使之更加符合区域级别交通枢纽周边用地形态。

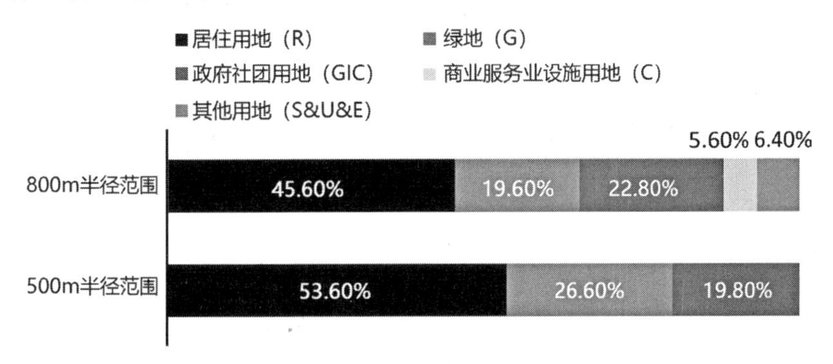


图4-3　金湾枢纽（A1）周边用地性质份额图

（2）容积率

由图4-3可以看出，金湾站周边居住用地的容积率基本都在2.5～3之间。现有的容积率方案开发强度适中，但是居住用地的容积率控制应该根据与站点距离不同而不同，更有层次性。随着离站点距离越远越低。

调整之后的用地方案建议适当增加容积率指标，商业用地容积率在4以上，居住用地可以保持原状或者略微提高。

2. 用地调整建议及布局方案

（1）用地性质调整

在控制性详细规划中金湾站周边的用地性质很难作TOD一体化开发，建议小范围、适度地调整金湾站周边的用地性质。具体调整如下：首先，在居住用地中保证了场站及换乘交通设施的用地；其次，调整了两个二类居民用地为商业用地性质；最后，建议周边500m的两个二类居住用地变更为商住混合区。调整之后的金湾站周边用地，保留西侧的中职学校用地，基本以向东侧综合一体化发展为主（图4–4）。

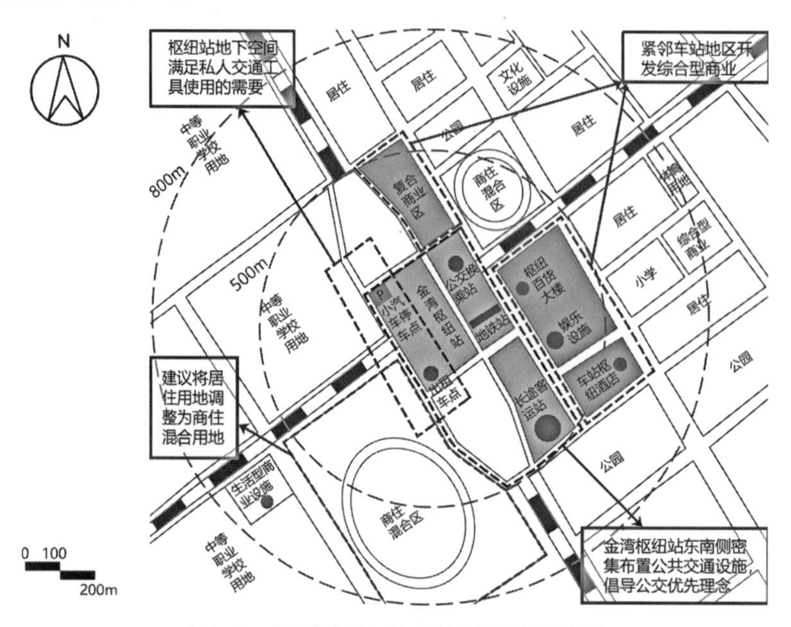

图4–4 金湾枢纽（A1）用地性质调整示意图

容积率调整方面，参考现有总体规划和一体化开发要求进行了调整。整体而言，枢纽周边容积率并未有过多的提升，还是建议能进一步上调一点。居住区的容积率有层次性的变化，商业用地容积率略微提高。

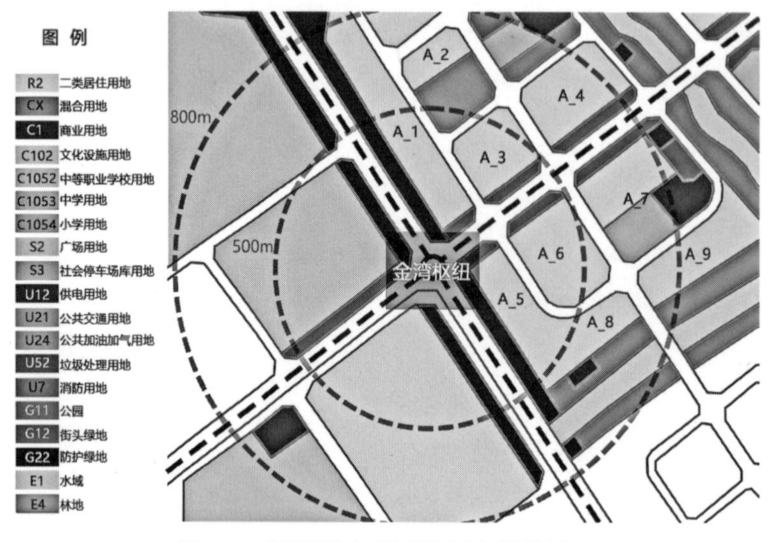

图4–5 金湾枢纽（A1）周边用地编码示意图

（2）用地功能布局（表4–7）

金湾枢纽（A1）周边用地容积率控制　表4–7

| 地块编号 | 用地代码 | 用地性质 | 基准容积率 | 调整系数 | 面积（$hm^2$） | 容积率 |
|---|---|---|---|---|---|---|
| A_1 | R2 | 二类居住用地 | 1.5～2.5 | A1＝1.3<br>A2＝0.9 | 7.4 | 1.8～2.9 |
| A_2 | R2 | 二类居住用地 | 1.5～2.5 | A1＝1.0<br>A2＝1.0 | 1.8 | 1.5～2.5 |
| A_3 | R2 | 二类居住用地 | 1.5～2.5 | A1＝1.1<br>A2＝1.0 | 3.6 | 1.5～2.5 |
| A_4 | R2 | 二类居住用地 | 1.5～2.5 | A1＝1.0<br>A2＝1.0 | 5.1 | 1.5～2.5 |
| A_5 | R2 | 二类居住用地 | 1.5～2.5 | A1＝1.1<br>A2＝1.0 | 3.5 | 1.65～2.75 |
| A_6 | R2 | 二类居住用地 | 1.5～2.5 | A1＝1.1<br>A2＝1.0 | 5.2 | 1.7～2.8 |
| A_7 | R2+C1+GIC52 | 混合用地 | R2：1.5～2.5<br>C1：2.0～2.5<br>G：0.5～0.8 | R2所占比例49.4%，C1所占比例23.5%，GIC52所占比例27.1% | 8.5 | 1.3～1.9 |
| A_8 | R2 | 二类居住用地 | 1.0～1.5 | A1＝1.3<br>A2＝0.9 | 3.4 | 1.0～1.5 |
| A_9 | R2 | 二类居住用地 | 1.0～1.5 | A1＝1.3<br>A2＝0.9 | 4.9 | 1.0～1.5 |

1）在金湾站东南侧200m内密切衔接公共交通设施，满足短距离交通换乘的需要，倡导公交优先；

2）在金湾站地下空间衔接小汽车停车场及出租车场，满足部分人使用私人交通工具的需求；

3）在金湾站东侧及北侧核心区范围内开发综合型商业，布局商业、娱乐、休闲等功能，注重用地混合开发，增加活力与吸引力；

4）将金湾站核心区的两处居住用地调整为商住混合区，提高复合利用率，同时增强周边功能，形成高效开发。

## 4.2　轨道交通枢纽一体化换乘系统规划

应高度强调多种交通方式与轨道枢纽站的无缝衔接和零距离换乘，尽可能缩短接驳换乘的物理距离。

### 4.2.1 交通接驳设施一体化规划

（1）建设以轨道交通为骨干，以常规公交为主体，重视步行和自行车交通的一体化绿色换乘体系，根据客流需求合理确定各种接驳场站的规模。以珠海西部中心城区一体化开发项目为例，其不同类型的枢纽换乘交通设施的规划建设规格如表4-8所示。

（2）片区综合交通枢纽以上级别的轨道枢纽站周边各种接驳场站鼓励采用一体化立体布局模式。如柏林市新中央火车站是欧洲最大、最先进的大型综合交通枢纽，集高铁、城际铁路和地铁等多种线路于一体，日发送旅客30万人，列车日停靠频率1100次。其最大特点是采用高度立体化的布局，将各种交通方式分层布置，从而节省土地资源，提高换乘效率。立体换乘系统应注意换乘中庭的设计，处理好各种客流流线的关系，避免冲突，同时增加自然采光提升换乘环境。

交通设施换乘要求表　　表4-8

<table>
<tr><th>枢纽类型</th><th>换乘设施类</th><th>设施布置关键控制指标参考值</th><th>设施场地规模参考值</th><th>新城规划区内枢纽数量</th></tr>
<tr><td rowspan="3">对外交通枢纽（A类）</td><td>公交换乘场站</td><td>一般不少于8个发车通道</td><td>公交换乘场站规模一般在8万～12万m²</td><td rowspan="3">3</td></tr>
<tr><td>出租汽车停车场</td><td>上下客区原则上分离，下客位需根据实际情况确定，上客位一般不少于6个，排队蓄车位一般宜为50个</td><td>出租汽车上课及排队蓄车场地规模一般宜为2000m²</td></tr>
<tr><td>小汽车停车场</td><td>小汽车配建停车场，车位一般不多于350个</td><td>小汽车配建停车场规模一般不多于1.5万m²，结合交通需求管理政策确定</td></tr>
<tr><td rowspan="3">城市综合枢纽（B类）</td><td>公交换乘场站</td><td>一般不少于6个发车通道</td><td>公交换乘场站规模不少于6000m²</td><td rowspan="3">4</td></tr>
<tr><td>出租汽车停车场</td><td>出租汽车停车场如需要，一般在路外场地设一条港湾通道及回车道构成，通道应能停靠不少于5辆车</td><td>出租汽车站如需要，规模一般不少于500m²</td></tr>
<tr><td>自行车停车场</td><td>自行车停车场如需要，停车位置以分散布置，总数一般不少于500个</td><td>自行车停车场如需要，宜分散布置；规模不少于1000m²</td></tr>
<tr><td rowspan="2">片区交通枢纽（C类）</td><td>公交换乘场站</td><td>一般不少于4个发车通道</td><td>公交换乘场站规模一般不少于4000m²</td><td rowspan="2">33</td></tr>
<tr><td>出租汽车停车场</td><td>出租汽车停车场如需要，一般在路外场地设1条港湾通道及回车道构成，通道应能停靠不少于3辆车</td><td>出租汽车站如需要，规模一般不少于300m²</td></tr>
</table>

续表

| 枢纽类型 | 换乘设施类 | 设施布置关键控制指标参考值 | 设施场地规模参考值 | 新城规划区内枢纽数量 |
|---|---|---|---|---|
| 片区交通枢纽（C类） | 自行车停车场 | 自行车停车场如需要，停车位宜分散布置，总数一般不多于400个 | 自行车停车场如需要，宜分散布置，总规模一般不少于800$m^2$；按纵向或横向分组排列，每组停车长度宜为15～20m | 33 |
| 一般交通枢纽（CII） | 公交换乘场站 | 一般不少于2个发车通道 | 公交换乘站规模不少于1800$m^2$；公交场站车行出入口宜分开设置，宽度为7.5～10m，出入口合并设置时，其总宽度不应小于12m。一般建议结合用地建设 | 26 |
| | 公交停靠站 | 公交车停靠站停靠的线路不宜超过6条；线路超过6条时，可分站台布设 | 港湾式公交场停靠站的车道宽度不应小于3m；公交车停靠站站台的高度宜为0.15～0.3m；站台宽度不应小于2m；站台规模不应小于100$m^2$ | |
| 一般交通枢纽（CIII） | 出租汽车停车场 | 出租汽车临时停靠需要1～2车位 | — | 26 |
| | 自行车停车场 | 停车位宜分散布置，总数一般不少于300个 | 宜分散布置，总规模一般不少于600$m^2$，按纵向或横向分组排列，每组停车长度宜为15～20m | |

（3）城市对外综合交通枢纽要合理安排大运量交通方式与市内多种中小运量交通方式的一体化接驳，实现铁路与轨道交通、公共汽车、出租汽车、小汽车的无缝换乘。应优先考虑与轨道交通和公共汽车站场的衔接，尽可能缩短换乘距离。其他枢纽公共汽车站应靠近轨道交通车站出入口，并且结合进站口合理布局自行车停车场。在站点广场150m范围内衔接公交换乘站、地铁站，满足市内外交通的转换。同时，在300m范围衔接长途客运站，满足对外交通的衔接。

（4）对私人小汽车停车场实施差别化停车供给策略。位于城市中心区的轨道枢纽周边鼓励公交换乘。控制停车位供给量，适度提高停车收费标准等，抑制小汽车过度使用。城市中心区外的枢纽可设置大型停车场，鼓励私人小汽车与公共交通的停车换乘。在站点地下范围衔接小汽车停车场，满足私人交通工具使用的需求，同时在较近距离建设出租车停靠站及排队蓄车场。提供良好的地下步行环境衔接至车站内部，同时提供立体换乘衔接至各交通方式，如图4–6所示。

（5）灵活设置枢纽的步行出入口。鼓励枢纽出入口及换乘通道与周边公共建筑结合设置，统一规划、同步建设。对无法同步建设的项目需预留通道和接口，建议对开发商给予相应的容积率奖励。如东京新宿站通过地下通道结合大型商场与购物中心，在超过2km²的面积内布设超过100个出入口，实现交通与建筑群体的一体化，在提高换乘空间环境品质的同时，确保客流高效、安全、舒适地集散。

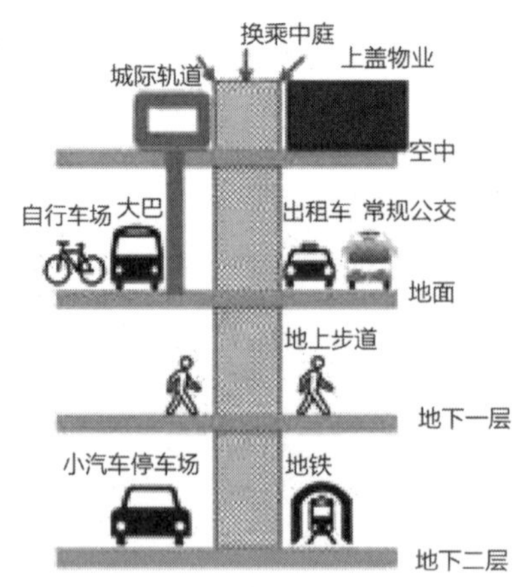


图4-6　立体换乘设计示意图

## 4.2.2　枢纽周边道路网络规划

城市对外综合交通枢纽站区外围道路系统的组织应当有效分离各种交通，与城市的高等级道路有便捷的联系，确保枢纽在服务范围内的高可达性。通过城市快速路、主干路、次干路和支路的合理布局，分流过境交通，集散枢纽交通，疏导地区开发产生的日常交通，避免不同交通之间的冲突与干扰，确保枢纽集散及疏导活动正常、有序展开。

（1）轨道交通枢纽交通流量大，有必要优化对外交通组织，净化内部交通，实现城际轨道站和地铁站的同步建设和预留。以珠海金湾枢纽站为例，该站点各种交通场站及出入口布局与城市道路交通充分协调，实现高效、有序的交通组织运作，在概念方案基础上，提出枢纽用地布局的比选方案，主要规划要点为以人为本，人车分流。

1）公路客运在机场北路二分路中间，引导公路客运通过机场北路、珠海大道和广佛江珠城际等高快速路进出，减少对城市交通的影响。

2）公交枢纽分别位于广场的南北两侧，空调候客区与上盖物业一体化建设，并邻近广场，便于行人乘坐和换乘。

3）出租车设置于广场西侧，与轨道交通、城际、公交无缝换乘。

4）金湖大道以二分路形式建设，增加与机场北路平行辅助路，方便公交和出租车进出。

5）设置空中连廊、地下走廊以及垂直换乘空间连接城际候客区、地铁、广场以及商场等建筑。

（2）采用小街廓、密路网的规划思路，完善站区周边路网结构和功能。在交通性主干路满足需求的基础上，以枢纽为核心，架构生活性次干路和支路网系统，不仅增加枢纽的可达性，还给枢纽周边地区进行高强度开发创造基础和条件。

（3）道路横断面设计突出步行和常规公交两种集散方式的重要性，结合用地功能布局对客流通道进行识别，通过合理调整道路红线和横断面分配，增加公共交通通行空间和步行空间，实现轨道交通与常规公交之间、轨道交通与步行和自行车交通之间相互支撑与协调发展。

### 4.2.3 步行系统空间规划设计

#### 1. 规划设计要点

步行不仅是绿色交通系统的重要组成部分，也是城市轨道交通枢纽的主要集散方式。例如，东京站出站客流中88.7%通过步行疏解；市民离开枢纽后，通过步行即可到达单位、学校、商场等目的地，其中约90%的出行时间小于10min。因此，枢纽内部及其周边用地应为步行出行提供安全、连续的通行空间，并解决好步行与公共交通的接驳换乘问题。

（1）通过地下空间、地面和周边建筑综合体进行一体化设计，利用人行地道、人行天桥、地面广场、屋顶平台等设施打造枢纽与周边用地之间连续的立体步行系统。为行人提供安全、连续、舒适、无障碍的步行空间，使旅客能够便捷地到站、离站以及在各种交通方式之间换乘。

（2）城市对外综合交通枢纽应重视铁路两侧步行系统的连续性，既可方便旅客出行，也有助于消除铁路对城市的分割，带动铁路客站两侧的城市街区整体发展。

（3）步行系统应有完善的标志系统设计，导向明确且便于乘客识别，能够准备高效地引导乘客集散。

（4）步行系统是城市公共活动空间的一部分，在满足人流集散要求的同时需注意空间设计的趣味性，充分挖掘步行空间的商业和文化价值。

（5）轨道站点核心区内主、次干路和支路均应配置完整的步行道，步行和自行车道单侧宽度均不宜小于3m。轨道站点核心区内的步行和自行车过街设施间距不宜大于200m，即使设置了立体过街通道，仍应保证平面过街方式。人行横道长度大于16m时，应设置行人过街安全岛。轨道站点影响区内自行车道与机动车道应采用物理隔离，在支路上可采用非连续的物理隔离。

2. 规划设计案例

以珠海金湾站枢纽为例，其步行衔接系统设计主要包括以下内容。

金湾站空间尺度大，对外、市内交通方式繁杂。地面步行通道步行环境受天气影响较大，东西跨越铁路车站绕行距离远，车站地区人流量大、行人过街冲突明显，仅靠地面步行通道难以提供以金湾站为核心的舒适步行可达环境。在合理配置公交设施的基础之上，在金湾站区域建设东西、南北两大方向的地下步行通道，以改善步行环境，连通周边建筑，提升可达性、达到一体化，如图4-7所示。

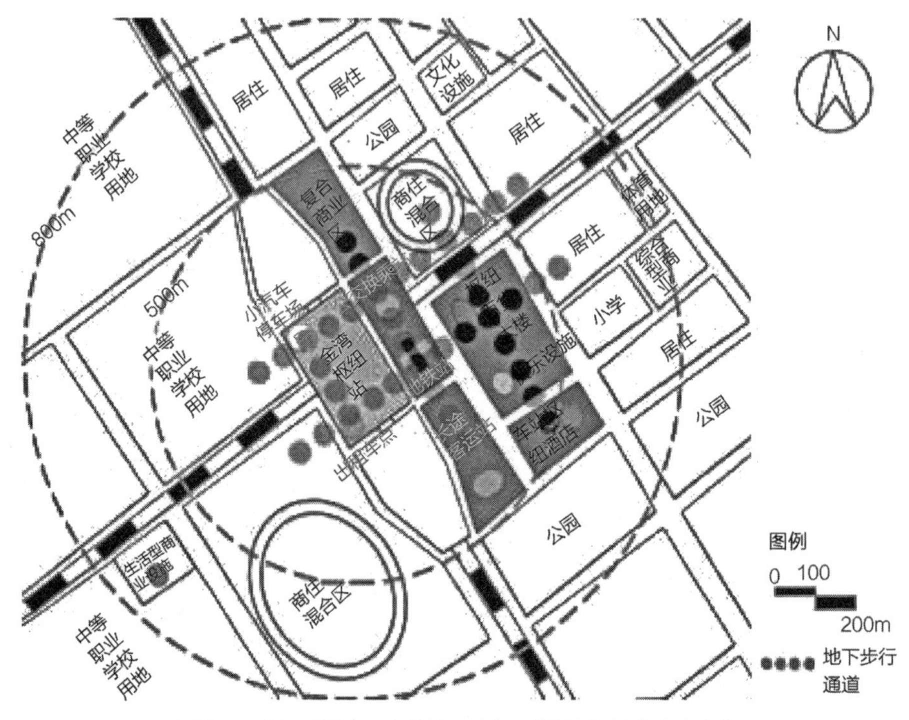


图4-7 金湾枢纽（A1）的地下步行系统规划图（概念方案）

（1）地下步行通道

金湾站周边地区地下分三层，地面层为对外交通设施，地下一层为步行走廊，地下二层为地铁1号线、小汽车停车场及出租车上客区，地下三层为地铁6号线。地下走廊规划如图4-7所示，地下走廊中配置代步电梯和适度商业设施，并于两大走廊交会处设置大型地下“行人岛”，提供舒适慢行环境。

1）东西步行走廊

西起枢纽西侧中职学校，东至东广场东侧高密度商务设施中部，全长800m左右；东西走廊贯穿铁路金湾站、地铁1号线、6号线金湾站、东广场公交换乘车站、车站枢纽百货大楼等主要商务设施，如图4-8所示。

2）南北走廊

北至复合商业区，南至长途客运站及枢纽酒店设施处，全长800m左右。南北走廊贯穿了主要的交通服务设施，减少了地面的人车流冲突。

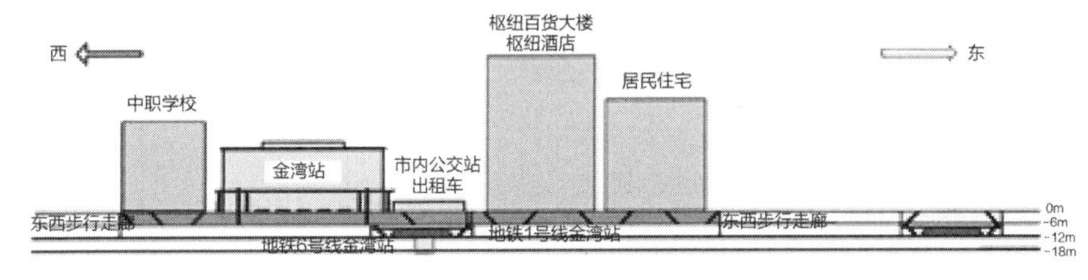


图4-8　金湾站东西地下走廊剖面图

（2）地面有盖廊道

金湾站步行系统以地下走廊为主、地面为辅，主要由于地面交通太混杂，过街交通冲突太多。可适当建设有盖廊道衔接至各交通换乘设施及周边400m范围建筑物内，避免受到天气的影响，提供良好的地面步行环境。

## 4.3　轨道站域地下空间的一体化规划

### 4.3.1　轨道站域地下空间规划体系

地下空间规划是一个综合性的规划，应积极与市政、公共服务、交通、人防等相关专项规划协调，并积极与地面规划相融合。

根据《城市地下空间规划标准》GB/T 51358—2019，城市地下空间规划分为总体规划和详细规划两个层次。其中，地下空间总体规划又可以分总体规划纲要和总体规划两个层次。地下空间总体规划是对一定时期内规划区内城市地下空间资源利用的基本原则、目标、策略、范围、总体规模、结构特征、功能布局、地下设施布局等的综合安排和总体部署。地下空间详细规划是对城市地下空间利用重点片区或节点内地下空间开发利用的范围、规模、空间结构、开发利用层数、公共空间布局、各类设施布局、各类设施分项开发规模、交通廊道及交通流线组织等提出的规划控制和引导要求。地下空间详细规划可以结合地上控制性详细规划和修建性详细规划同步编制，也可以依据地上控制性详细规划单独编制相应的地下空间控制性详细规划。

地下空间重点建设地区应当编制地下空间详细规划。国内外众多“地铁城市”的地下空间开发利用经验显示，轨道站域地下空间规模往往占据城市地下空间开发量的绝对比例。由于城市轨道交通建设的紧迫性及其作为城市基础设施的独特性，轨道站域地下空间既需要与地上空间协调，又需要与轨道设施协调。轨道站域地下空间具有不可逆性、涵盖面广和涉及利益方多等特点，如果缺乏前期各层次规划的控制、引导和实施，单靠投资方、建设方及管理方的单方面作用，地下空间的开发很难取得成功。因此，应在站点建设之前就做好相关的控制引导工作。

轨道站域地下空间开发的控制与引导应在地下空间总体规划和其他上位规划的基础上，保障轨道交通枢纽建设与站域地块的地下空间开发整合。

### 4.3.2 轨道站域地下空间规划要素

#### 1. 配套设施

轨道站域地下空间的设施配套包括：地下公共服务设施、地下商业设施、地下市政设施、地下交通设施、地下附属设施、地下防灾设施。

轨道站域地下空间配套设施一览表　　表4-9

| 设施分类 | 具体内容 |
|---|---|
| 地下公共服务设施 | 文化设施等 |
| 地下商业设施 | 商铺、商场、超市、餐饮等服务 |
| 地下市政设施 | 给水、污水、雨水、电力、电信、燃气、供热、综合管廊、地下变配电站、能源中心等 |
| 地下交通设施 | 轨道交通设施、地下步行设施、地下停车设施、地下道路设施 |
| 地下附属设施 | 出入口、风亭、通风井、采光窗、紧急出口 |
| 地下防灾设施 | 地下空间防火、人防设施 |

来源：《城市地下空间规划标准》GB/T 51358—2019

地下公共服务、商业设施的配置受到地面功能影响较大，可以作为地面功能的补充；市政设施可根据实际情况选择地上或者地下进行配建；交通、人防设施则按地方的城市规划管理标准进行配建。

同一用地类型地块内可能包括若干地下功能，不同用地类型对地下空间功能的需求及选择也是不同的，因此轨道站域空间编制单元内的地下空间功能选择需与地面用地相协调。

#### 2. 开发规模

（1）开发程度

轨道站域地下空间开发程度和城市规模、地面规划容积率、区位能级、可达性等相关度较高。其中，交通枢纽型、商业中心型和商务办公型站点周边的地下空间开发程度宜高；大型公建型站点周边的地下空间开发程度宜较高；居住区型站点的地下空间开发程度宜低。地下空间开发程度可以用开发强度或地下空间开发量占地面开发量的比重来进行量化（春燕，2014）。

地下空间开发程度随着距车站距离的增加而减小，按照表4-10的案例数据及经验，地下空间的开发量与地面开发面积之间有一个相对应的比例关系。可以将车站周边地下空间的土地利用进行开发程度分区，如表4-11所示。

**我国部分大城市中心区或副中心地下空间开发规模所占地面开发面积比例　表4-10**

| 项目名 | 用地面积（$km^2$） | 总建筑面积（万$m^2$） | 地下开发面积（万$m^2$） | 比例（%） |
| --- | --- | --- | --- | --- |
| 北京市王府井 | 1.65 | 346 | 150 | 43.35% |
| 北京市中关村 | 0.5 | 100 | 50 | 50.00% |
| 杭州市钱江新城 | 4.02 | 650 | 215 | 33.08% |
| 济南市西客站重点地区 | 0.6 | 80 | 45 | 56.25% |

**轨道站域地下空间开发程度分区　表4-11**

| 圈层 | 范围 | 开发量 |
| --- | --- | --- |
| 核心区 | 车站周边300～500m | 占地面开发量的20%～40% |
| 辐射影响区 | 车站周边500～800m | 占地面开发量的10%～20% |

（2）竖向分层利用

轨道站域规划单元内的地下空间开发总容量及近期开发容量可依据规划人口容量、地面开发容量进行预测。编制单元内的地下空间总需求量包含地下商业设施容量、地下公共服务设施容量、地下市政设施容量、地下交通设施容量和地下防灾设施容量（春燕，2014）。

轨道站域地下空间竖向分层利用与城市规模、经济发展水平、区位等级、客流预测量、竖向分层、地下空间开发容量、车站类型和车站埋置深度等因素具有很大的相关性。地下空间开发深度分区是为了合理有序地开发地下空间资源，保护和预留更深层的地下空间资源。站域地下空间开发深度随着距站点距离的增加而减小，核心区结合轨道站点充分开发，宜开发2～4层，辐射影响区宜开发1～2层。与站厅层直接连通的地下空间宜布局行人活动较为频繁的功能，如商业服务业功能、部分公共服务功能、地下步行通道等；站厅层以下的地下空间宜布局地下停车场等功能（表4-12）。

轨道站域地下空间竖向分层利用　　表4-12

<table>
<tr><th>圈层</th><th>开发强度</th><th>分层利用</th></tr>
<tr><td>核心区（300~500m）</td><td>2~4层</td><td rowspan="2">地下一层宜布置交通设施、人行通道、车行通道、停车设施等交通功能，市政管线，以及公共服务等；地下二层宜布置公共交通、地铁、停车设施；地下三层宜布置停车设施、地铁</td></tr>
<tr><td>辐射影响区（500~800m）</td><td>1~2层</td></tr>
</table>

### 3. 慢行系统

轨道交通车站周边的地下空间，站点、商业、周边交通设施、与地面的联系等都是以慢行系统为基础，所以功能都依附于慢行系统组织。因此，对于轨道交通车站周边地下空间进行整合设计时，其首要的要素就是对慢行系统组织的整合，以快速、便捷达到周边交通吸引地区为目的，以发挥站点地下慢行系统最大服务能力为目标，整体、系统地统筹轨道交通车站、周边地区地下空间。

（1）慢行系统与地下商业空间

地下商业街的主要地面出入口应布置在主要人流方向上，宜结合公共建筑、下沉式庭院、广场、地下人行通道、其他地下商业空间地面出入口等设置。地下商业街的地面出入口宽度应与最大人流强度相适应，地下人行通道尽端出入口宽度总和应大于地下通道宽度（王洋 等，2014）。

依托轨道交通，沿道路塑造地下人行交通骨干网；依托交通网络，结合整体、地面空间，构建有序商业地下空间；地下商业、地面建筑互动；与地块商业一体化无缝衔接，完善地下慢行回游系统。

轨道站域地下空间慢行系统组织应与周边地下空间进行联建，以日本东京站地下空间规划为例，其地下通道、广场面积共计24500m$^2$，地下通道总长度9.36km，地下通道连接地块51个。站点周边500m范围内的公共地下通道、建筑物内通道都与轨道交通内通道相连，形成了一个完整的地下慢行网络（图4-9）。

（2）地下空间功能连通问题

由于我国土地供应的二元机制和土地权属限制，在轨道交通车站周边地下空间整合设计中，存在不同开发主体地下空间。要形成完整的统一整体，其空间衔接是关键性要素，处理好空间衔接断面和竖向统一，充分考虑建设的时间先后，预留好充分的对接面，遵循“后建设主动对接先建设，未建设主动对接已建设”原则。在城市轨道交通车站周边地下空间对接模式上，以公共空间面面对接为最佳模式，其次为大通道、多通道和小通道对接。如地铁站在设置传统的出入口时，应在地下空间与周边建筑连接处预留接口，以保证地下空间的可达性。

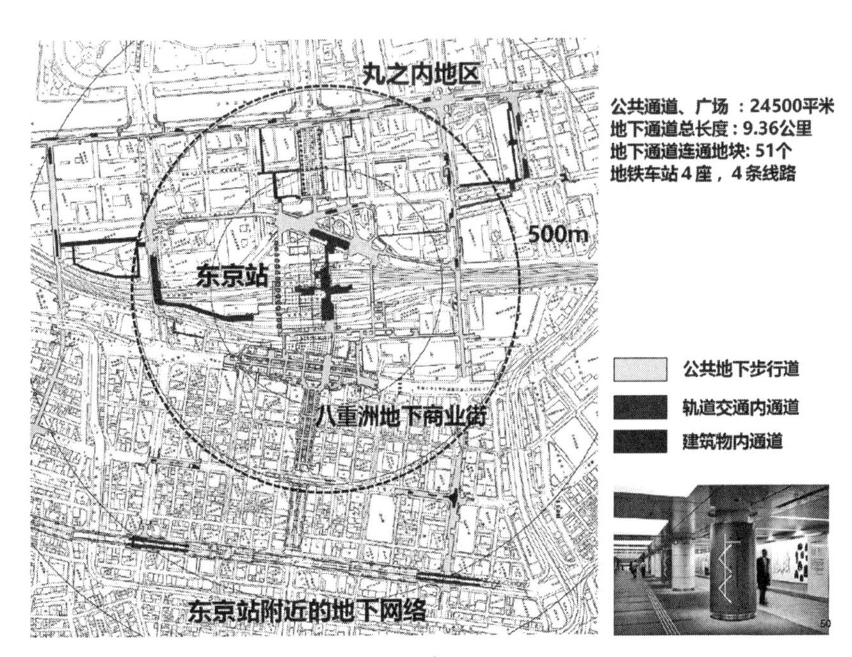


图4-9　日本东京站地下慢行网络示意图

地下空间功能连通的“协调与兼容”　表4-13

| 沿线地下功能 | 轨道交通设施 | 公共步行设施 | 公共停车设施 | 公共商业设施 | 公共市政设施 | 出让地块停车 | 出让地块商业 | 出让机电设施 | 出让地块仓储 | 出让地块通道 |
|---|---|---|---|---|---|---|---|---|---|---|
| 轨道交通设施 | ★ | ★ | ☆ | ★ | ☆ | ⊕ | ⊕ | ⊕ | ⊕ | ☆ |
| 公共步行设施 | ★ | ★ | ★ | ★ | ☆ | ☆ | ☆ | ⊕ | ⊕ | ☆ |
| 公共停车设施 | ☆ | ★ | ★ | ☆ | ☆ | ☆ | ☆ | ⊕ | ⊕ | ☆ |
| 公共商业设施 | ★ | ★ | ☆ | ★ | ☆ | ☆ | ★ | ⊕ | ⊕ | ☆ |
| 公共市政设施 | ☆ | ☆ | ☆ | ☆ | ★ | ⊕ | ⊕ | ⊕ | ⊕ | ☆ |
| 出让地块停车 | ⊕ | ☆ | ☆ | ☆ | ⊕ | ★ | ☆ | ⊕ | ⊕ | ☆ |
| 出让地块商业 | ⊕ | ☆ | ☆ | ★ | ⊕ | ☆ | ★ | ⊕ | ⊕ | ☆ |
| 出让机电设施 | ⊕ | ⊕ | ⊕ | ⊕ | ⊕ | ⊕ | ⊕ | ★ | ⊕ | ⊕ |
| 出让地块仓储 | ⊕ | ⊕ | ⊕ | ⊕ | ⊕ | ⊕ | ⊕ | ⊕ | ⊕ | ⊕ |
| 出让地块通道 | ☆ | ☆ | ☆ | ☆ | ☆ | ☆ | ☆ | ⊕ | ⊕ | ★ |

注：★表示须连通，☆表示宜连通，⊕表示不连通。

来源：王洋 等，2014.

4. 站点出入口

在一体化开发建设中，站点出入口的数量和空间布局扮演着非常重要的角色，直接影响到居民使用轨道交通时的体验感受。目前我国的轨道交通站点出入口的设置大都选在轨道上方对应道路的十字路口，布置3～4个出入口，仅仅考虑按照规范中客流集散的面积要求来完成设计，较少考虑乘客从出发点到轨道站以及从轨道交通站到目的地整个完整出行链的便捷性和舒适性。在一体化开发设计中，应当更多地考虑将轨道出入口与周边客流所在地块结合布置，可以结合轨道站域的地下空间布置出入口，增加出入口数量。以东京新宿站为例，结合周边大型商场与购物中心，开发商在枢纽周边2km²范围内布置了8个城市铁路出入口和43个地铁出入口，极大地提高了客流集散效率和出行体验的舒适性，也将轨道交通枢纽与周边城市用地开发紧密结合到一起。

5. 公共活动空间

地下空间由于空间封闭性以及阳光、空气等要素影响，会导致压抑、沉闷的空间感觉，因此在轨道交通车站地下空间整合设计中，要增设公共空间作为空间环境重要的提升要素，有条件建设中庭、下沉广场等空间改善地下空间环境，增加地下空间的开敞性、地下空间的采光与通风，使地下空间地面化。在人行通道的交叉、转角处等增设小型公共活动、集散空间改善压抑感，增强地下空间活力。

以日本为例，其轨道站点常以地下街（商业街）的开发形式来组织区域的地下空间系统，结合采光天窗形成商业中庭。除此之外，日本轨道站点出入口常结合下沉广场设计，形成人们憩息、观赏和交往行为的场所（图4–10、图4–11）。

图4–10 日本某地下商业街

图4–11 日本名古屋中央下沉广场

### 4.3.3 轨道站域地下空间规划流程及内容

1. 规划流程

轨道站域地下空间详细规划可参照《城市地下空间规划标准》GB/T 51358—

2019中关于地下空间详细规划的规划控制和引导要求进行编制，规划流程如图4–12所示。

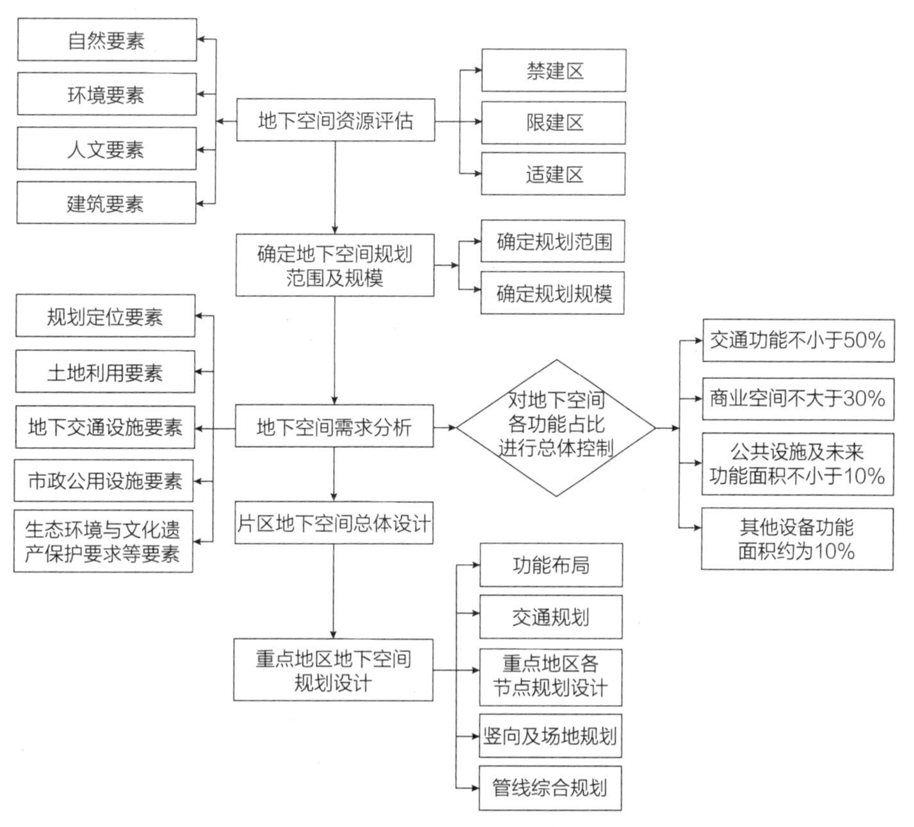


图4–12　轨道站域地下空间规划流程图

## 2. 规划内容

（1）地下空间资源评估

轨道站域地下空间规划和开发利用前应进行现有地下空间资源评估，内容应包括调查、分析和可开发地下空间的适建性评估（表4–14）。城市地下空间资源、评估应根据评估要素和因子，通过资源普查、要素分析及综合研判，选择适宜的评估方法，建立评估体系，研究确定适宜的城市地下空间利用范围及规模（王洋 等，2014）。

地下空间资源评估要素一览表　　表4–14

| 评估要素 | 具体内容 |
| --- | --- |
| 自然要素 | 地形地貌、工程地质与水文地质条件、地质灾害区、地质敏感区、矿藏资源、埋藏区和地质遗迹等 |
| 环境要素 | 园林公园、风景名胜区、生态敏感区、重要水体和水资源保护区等 |
| 人文要素 | 古建筑、古墓葬、遗址遗迹等不可移动文物和地下文物埋藏区等 |

续表

| 评估要素 | 具体内容 |
| --- | --- |
| 建设要素 | 新增建设用地、更新改造用地、现状建筑地下结构基础、地下建（构）筑物及设施、地下交通设施、地下市政公用设施和地下防灾设施分布等 |

来源：《城市地下空间规划标准》GB/T 51358—2019.

（2）地下空间需求分析

轨道站域详细规划阶段城市地下空间需求分析应对规划期内所在片区城市地下空间利用的规模、功能配比、利用深度及层数等进行分析和预测。城市地下空间详细规划需求分析应综合考虑所在片区的规划定位、土地利用、地下交通设施、市政公用设施、生态环境与文化遗产保护要求等要素（Pol, 2002）。

轨道站域地下空间详细规划需求分析应结合土地利用及相关条件，明确地下交通设施、地下商业服务业设施、地下市政场站、综合管廊和其他地下各类设施的规模与所占比例。一般交通设施不小于50%；商业设施不大于30%；公共设施及未来功能面积不小于10%；其他设备功能面积约为10%。在总体控制要求下，每段地下空间综合体可根据具体工程建设条件对商业面积进行适当腾挪，可腾挪比例不超过10%。为保证地下空间品质，地下综合体整体商业规模不大于实际地下空间工程开发规模的30%。

以济南市西客站为例，其片区在进行地下空间规划时，先对中心城区的地下空间资源进行了评估，在充分考虑济南市经济发展，并结合需求量的基础上，确定济南西客站片区地下空间规划量为614.11万$m^2$。其中地下停车面积约398.58万$m^2$；地下商业空间面积约136万$m^2$；轨道空间面积约38万$m^2$；市政设施空间面积约29万$m^2$；人防设施空间面积约5万$m^2$；地下通道设施空间面积约4.5万$m^2$；其他设施空间面积约3.03万$m^2$（表4–15）。

济南市西客站片区地下空间开发量汇总表　　表4–15

| 地下开发功能 | 开发面积（万$m^2$） | 比例（%） |
| --- | --- | --- |
| 商业 | 136 | 22.1 |
| 停车（配建＋社会）、设备 | 398.58 | 64.9 |
| 轨道交通 | 38 | 6.2 |
| 市政设施 | 29 | 4.7 |
| 人防设施 | 5 | 0.8 |
| 地下通道 | 4.5 | 0.7 |

续表

| 地下开发功能 | 开发面积（万$m^2$） | 比例（%） |
|---|---|---|
| 其他 | 3.03 | 0.5 |
| 总计 | 614.11 | 100 |

（3）片区地下空间总体设计

轨道站域地下空间在确定总体功能定位后，应优先布局地下交通设施、地下市政公用设施、地下防灾设施和人民防空工程等。适度布局地下公共管理与公共服务设施、地下商业服务业设施和地下物流仓储设施等。

（4）重点地区地下空间规划设计

在对轨道站域片区地下空间进行总体设计后，会选择重点地区进行地下空间规划设计。城市地下空间重点地区是指地下空间功能要素集中、公共活动人群密集的地区，一般包括城市高强度开发的商务中心区、商业中心区、行政中心区等重要功能区和主要轨道交通车站（枢纽站和重要换乘站）周边半径500m地区两类。重点建设区地下空间规划设计内容包括：功能布局、交通规划、重点地区各节点规划设计、竖向及场地规划、管线综合规划。

## 4.4　轨道交通枢纽与城市用地一体化建设流程

### 4.4.1　一体化建设流程案例

#### 1. 日本一体化开发流程

日本轨道交通与土地一体化开发是以开发商为主体，开发商负责一体化的规划设计、投融资、施工建设，最后获取开发收益，而政府不参与具体的开发建设，只负责制定开发标准以及一体化的监督工作。在土地开发商取得轨道交通站点周边地块的土地所有权或使用权后，开发商必须根据政府公开的待开发地区土地性质、容积率、开发高度限制等各项区域开发标准，制定待开发地块的开发方案，然后交由区级政府判断是否需要开发许可，在确定需要许可证后征得其他相关机构的同意，最后开发商提交开发许可申请书，政府颁发开发许可证，具体流程如图4-13所示。

日本铁路所有线路均由各私有铁路公司独立经营，各铁路公司以铁路经营为基础，并通过房地产投资等其他方式提高自身盈利能力。

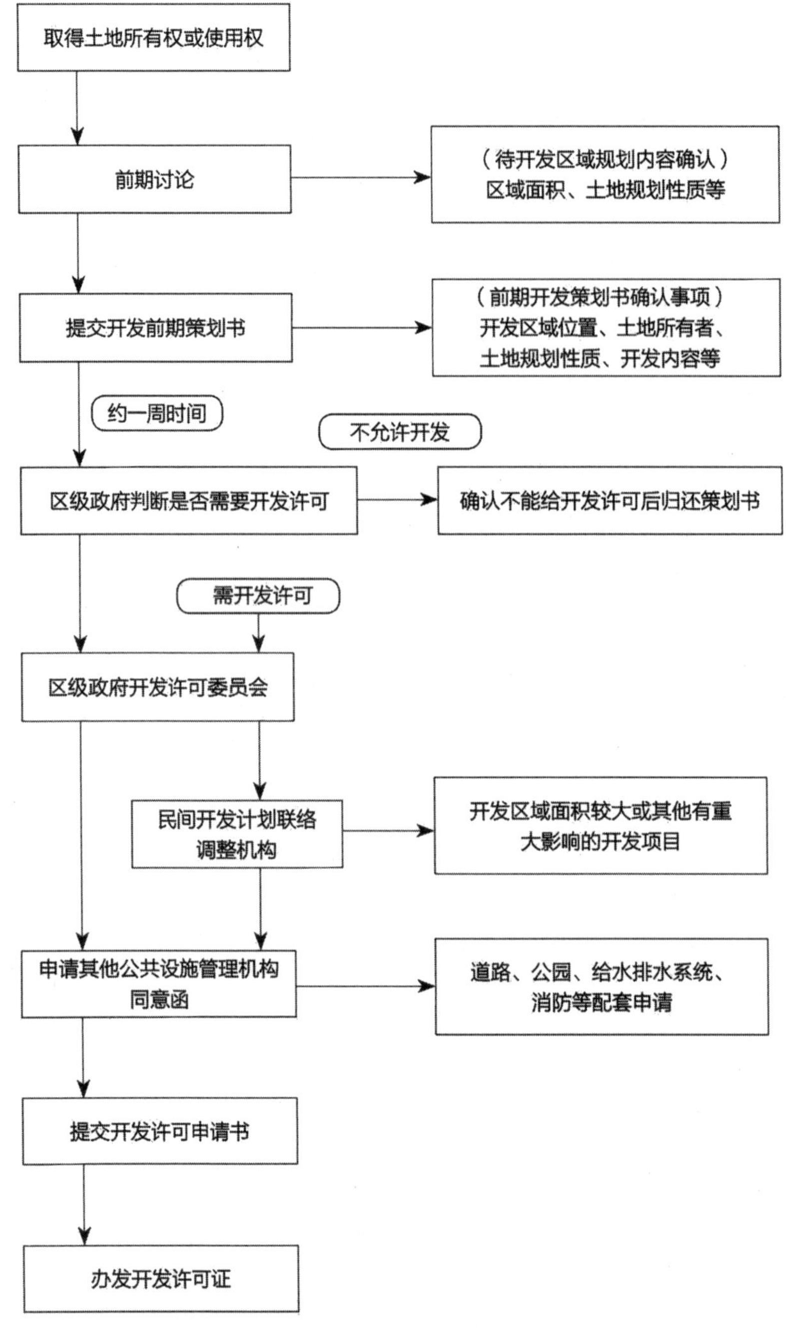


图4-13　日本市场化主导模式下的一体化开发流程图

来源：新加坡重建局官网，https://www.ura.gov.sg/corporate/

## 2. 新加坡一体化建设流程

新加坡轨道沿线一体化建设是将城市发展与捷运系统结合起来，优化捷运车站附近的城镇发展密度，以此提高捷运系统的可达性以及交通系统和城市的连通性。整个模式的建设有着一套完整的指导方针。

首先在规划阶段，城市重建局要对捷运系统附近可开发利用的土地规模进行估算。优先考虑如何通过基础设施的建设来促进地铁站与城市建筑的连接，比如连接地铁站与商业区的地下通道、人行天桥等。有了规划方案后，需要通过区域交通分析来鉴定当前的TOD模式对周围路网的影响，预测出方案实施后道路的改善情况以及空间利用的合理性，同时保留一些必要的空间，方便以后城市扩展、修建新的道路。

开始建设前，新加坡政府会通过公开土地售卖的形式将土地卖给开发商，并附带以下条件：开发商应以捷运系统为基点开发建设，并确保建筑物外部结构和设计与市区景观协调一致；对于新建的捷运线路和需要在地下设置地铁站的TOD小区，要求开发商将建设时刻表与捷运建设进度结合起来；对于需要与公交换乘站相连的地区，要求开发商同时承包对公交换乘站的建设，但经费由政府承担（图4-14、图4-15）。

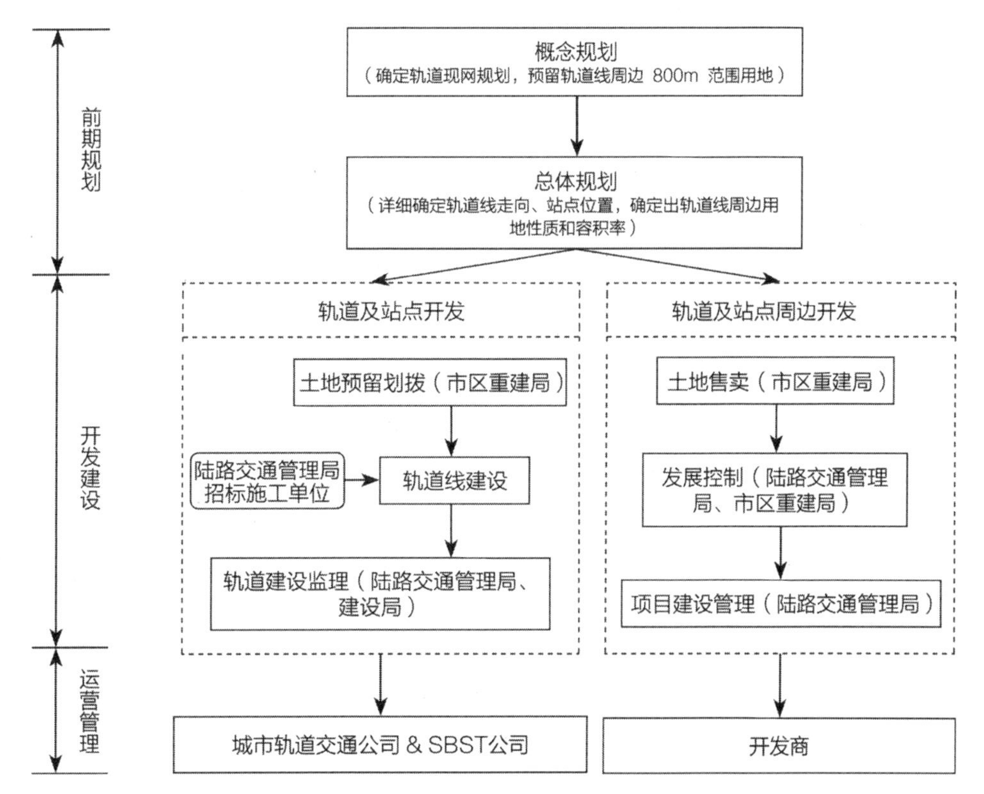


**图4-14　新加坡推进TOD工作流程及相关责任部门**

来源：新加坡重建局官网，http://www.ura.gov.sg/corporate/

在建设阶段，开发商要进行交通影响评估，对政府早期的交通评估进行核对并进行必要的改进工作，费用由开发商承担。

具体工作流程包括前期规划、开发建设、运营管理。

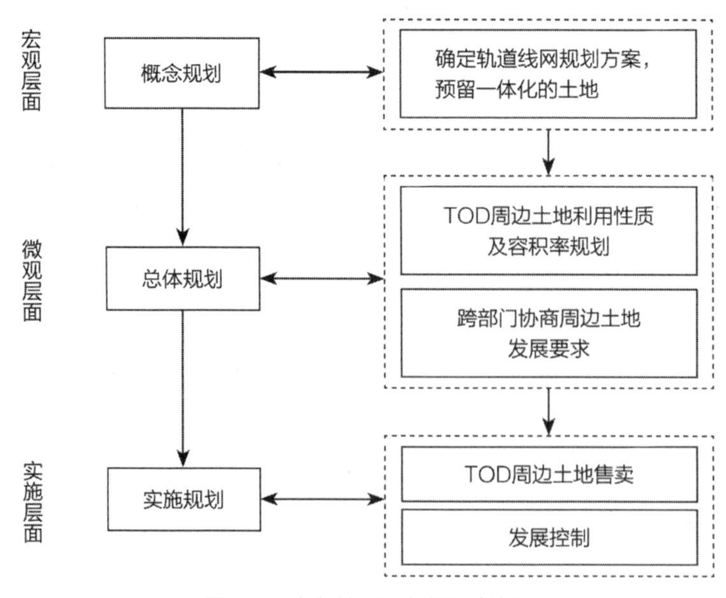


**图4-15　新加坡TOD规划设计流程**

来源：新加坡重建局官网，http://www.ura.gov.sg/corporate/

前期规划主要包含概念规划和总体规划，规划与城市规划、土地规划等相关规划的关系及协调机制。轨道线在总体规划层面通过多部门协商，已经制定出详细的轨道线路网和站点位置，并且市区重建局已经预留出轨道线网的土地。陆路交通管理局通过交通部上报轨道线网建设方案给财政局，审批通过即可由财政拨资。地铁站动工建设前，由陆路交通管理局负责全部工程可行性研究。由于人力资源有限，目前主要工作分包给专业咨询公司，由陆路交通管理局的工程部负责监督审核。然后，陆路交通管理局负责招标施工单位进行地铁建设。在轨道线的建设过程中，陆路交通管理局的监理和建设局的相关部门同时负责监督承包商的工程质量，以确保轨道线的建设质量满足要求。针对站点周边的土地，其用地性质和容积率在总体规划层面早已确定好，市区重建局根据时机将土地进行带技术标准限制性的招标投标，多家公司进行方案角逐（建设形态、风格等），中标者获得该块土地。中标后的规划建设流程中，陆路交通管理局将全权参与开发商的建筑规划建设方案，确保开发商能做好公共衔接等服务。例如，地铁的出入口设置与数量、与公共汽车站的有盖连廊、过街天桥等。开发商必须做好发展控制的方案交由陆路交通管理局工程设计部门审批合格后才能开始实施建设。整体规划项目层面，陆路交通管理局跟踪实施推进模式。设计审批合格后，陆路交通管理局和建筑承包商外请的监理单位一同监督工程建设的质量。轨道线建成通过验收，通过限制招标后，在严格的条件下许可给城市轨道交通公司或者SBST公司运营，公司需要负责地铁线的运营及列车、设施维修等，在2016年前基本是自负盈亏。地铁公司没有物业开发权，但可以出租地铁站内的部分空间作为商业用途。

### 3. 中国香港一体化建设流程

中国香港市场化主导模式下的一体化开发与日本有所不同，香港地铁建设的审批程序如下：

（1）香港地铁公司进行评估及客流预测。

（2）政府安排香港地铁公司对地铁线进行建设、融资和运营，以总承包的方式批给地铁公司在车站上部及其邻近范围进行物业开发的权利。

（3）与政府规划部门协商确定车站物业开发的主要内容和设计方案后，香港地铁公司将总体布局规划提交到城市规划委员会审批。

（4）获批后，香港地铁公司与政府土地部门商讨补地价及获取批地，同时招标符合资格的发展商并签订发展合同，由发展商对整个项目全资建设。

（5）项目竣工时，以协商中商定的比例分配利润。

香港的这种模式可同时发挥政府和企业的优势，并基本兼顾规划统筹和投资吸引的要求，既解决了轨道交通建设的融资问题，也有利于促进交通系统与土地一体化的协调发展（表4–16、表4–17）。

香港地铁建设不同阶段的主体、内容　　表4–16

| 阶段 | 地铁综合开发 | 操作主体 | 承担工作 |
|---|---|---|---|
| 前期规划阶段 | 地铁规划 | 香港地铁公司 | 指定总纲规划蓝图 |
| | 预测收益 | 香港地铁公司 | 预测客流及物业收益 |
| | 取得土地 | 香港特别行政区政府、香港地铁公司 | 对土地及物业进行规划 |
| | 审批蓝图、取得蓝线 | 香港特别行政区政府、香港地铁公司 | 审批蓝图、取得蓝线 |
| 物业发展阶段 | 制定发展计划 | 香港地铁公司 | 根据市场情况、制定发展计划 |
| | 公开招标 | 香港地铁公司、开发商 | 根据规划建设指标、利润分成等方面公开招标确定开发商 |
| | 物业开发 | 开发商 | 物业详细规划、设计、策划建设 |
| 物业经营阶段 | 物业利润分成、移交 | 香港地铁公司、开发商 | 物业销售、利润分成、物业移交 |
| | 物业经营、管理 | 香港地铁公司 | 持有物业良好经营、高效物业管理 |

来源：新加坡重建局官网，http://www.ura.gov.sg/corporate/

香港地铁建设利益分配　　表4-17

| 利益体 | 角色 | 获得权益 | 承担责任 |
|---|---|---|---|
| 香港地铁公司 | 经营土地主体 | 1.客流带来的票务收益<br>2.商场等经营性物业出租收益<br>3.物业管理收益<br>4.物业开发收益分成（包括房产开发的利润和土地增值的收益） | 1.沿线物业规划<br>2.量化预测客流及物业收益<br>3.根据市场情况，制定计划<br>4.公开招标开发商<br>5.持有物业良好经营、高效物业管理 |
| 香港特别行政区政府 | 土地出让方 | 1.地价收入（地铁建设前的土地价值）<br>2.财政压力的缓解<br>3.开发的经营物业作为“税源”带来的收益<br>4.轨道交通网络形成带来经济、社会、生态效益 | 1.地铁新线建设规划<br>2.审批蓝图，并出让土地给香港地铁公司 |
| 开发商 | 物业投资、建设方 | 1.地铁开发相对较低风险，带来的机会收益<br>2.项目融资，转投其他项目开发收益<br>3.物业开发收益分成（包括房产开发的利润和土地增值的收益） | 1.提出招标书申请、取得开发权<br>2.物业详细规划、设计、策划、建设<br>3.物业销售、利润分成、物业移交 |

来源：新加坡重建局官网，http://www.ura.gov.sg/corporate/

### 4.4.2 一体化建设流程

一体化建设涉及机制、法规、用地、规划、设计、实施等众多方面，是一个复杂的系统工程。为保证一体化建设实现预期目标，建议遵循特定的框架流程进行操作。

（1）建立一体化建设组织与决策机构。需成立一个专门的职能部门进行决策、监管和控制，全方位地协调枢纽建设及各项土地开发活动。针对城市对外综合交通枢纽要成立统一的枢纽投资建设法人、统一的运营主体，运营管理部门提前介入，完善运营管理机制，统一管理枢纽内部多元化服务主体，协调内外交通方式的运行时间。

（2）引导建立枢纽一体化建设全过程的协调保障机制。着力解决规划衔接、建设用地等问题。协调各部门合作，对城市枢纽与周边土地开发的全过程进行监督指导，保障一体化建设中各环节顺利实施。

（3）一体化建设规划。首先，综合分析上层规划的需求，明确枢纽的功能定位。此后，确定一体化建设范围和开发强度，需进行用地需求分析和交通需求特性分析。最后，确定用地开发模式和规划核心方案。

（4）取得一体化建设的土地开发权。建议政府实行分层、分片区土地供给政策，即商业开发用地的出让部分采用“招拍挂”形式，枢纽部分采用土地划拨形式。可引进欧洲经验由设计方案竞赛优胜者取得开发权，以保证开发质量、品位、特色符合总体规划要求。应建立立体土地地籍管理体系，完善相关法律，明确分层土地产权，保证分层土地出让依法实施。采取特许经营、土地年租金等方式，使城市轨道交通枢纽与城市土地开发的一体化建设具备法律保障和可操作性。

（5）一体化建设组织与决策机构根据要求确定开发模式和开发主体。现有市场土地开发模式包括自行开发、出让土地及合作开发。不论哪种模式，开发主体必须是一个建立可持续的开发、投资、建设、运营、管理模式的团队。

（6）进行一体化设计方案招投标。采取多家设计公司竞标的方式确保最优方案的产生。设计方案应结合多方面进行综合考虑，包括不同交通方式的换乘方案、一体化开发模式下各类建筑的开发强度、区域交通系统方案、城市综合体设计及建筑设计方案、生态景观设计方案和公共基础设施设计方案等（图4-16）。

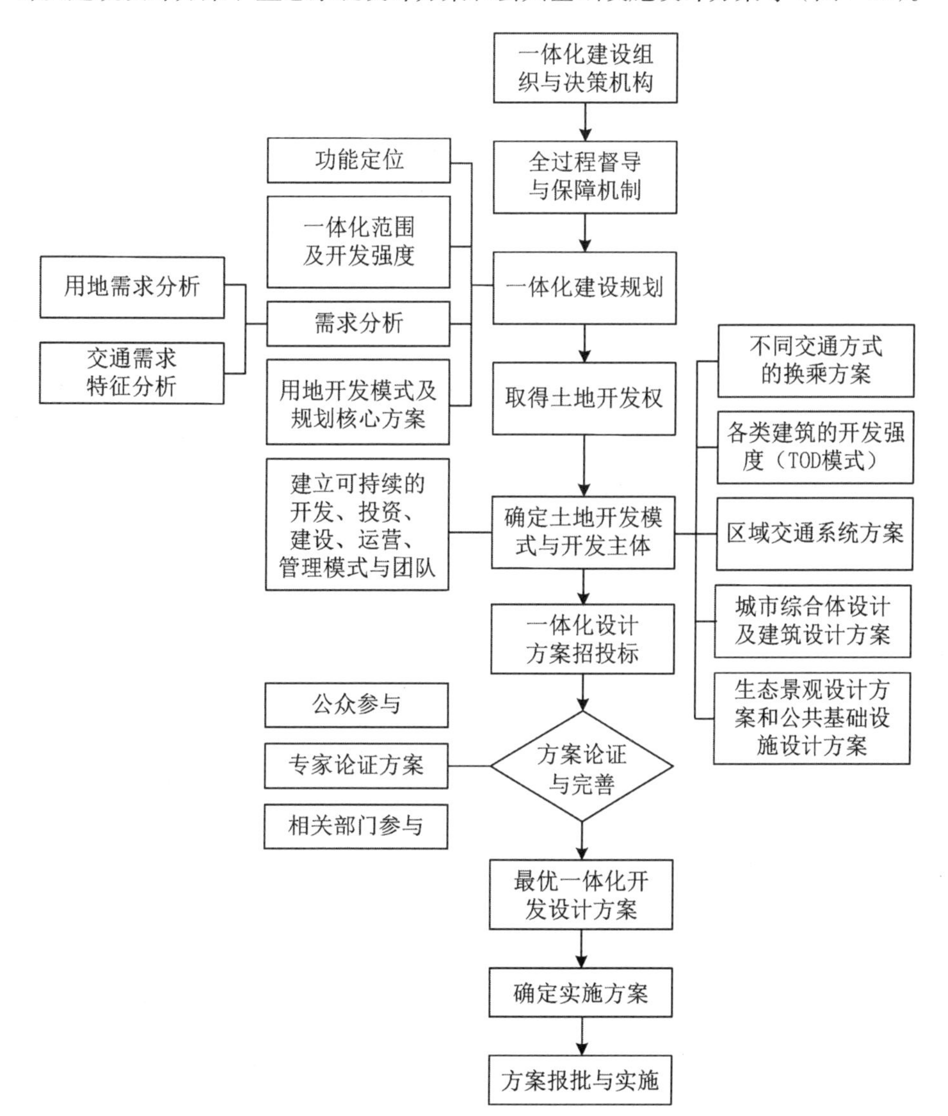


图4-16　我国轨道枢纽与周边用地一体化建设工作流程建议

来源：王晶 等，2015

（7）方案论证与完善。设计方案完成后，经由专家论证，结合相关部门和公众参与的评价、讨论，给出建设性意见和改良方案。设计方根据论证意见进行多次合理化改进，使一体化设计方案更加完善。

（8）经过多次研究、论证和完善，最终得到最优设计方案。

（9）确定枢纽和周边用地一体化设计的实施方案。

（10）将实施方案上报政府职能部门进行审批，通过即可进行工程实施（王晶 等，2015）。

### 4.4.3 一体化建设规划编制

站点地区一体化规划编制流程具体内容如下（图4-17）。

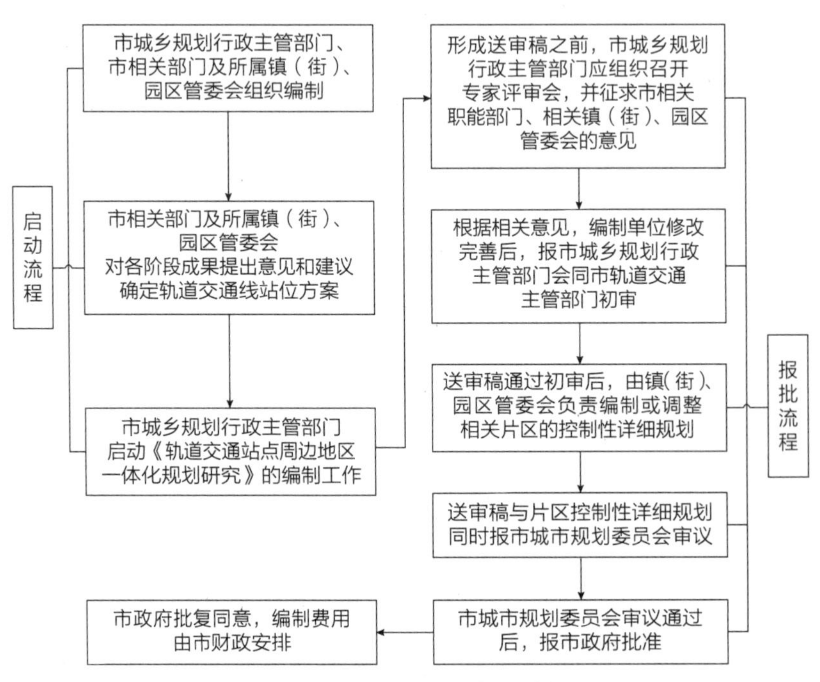


图4-17 站点地区一体化规划编制流程图

（1）《轨道交通站点周边地区一体化规划研究》由各地市城乡规划行政主管部门会同市相关部门及所属镇（街）、园区管委会组织编制，市相关部门及所属镇（街）、园区管委会的主要任务是协助编制单位收集相关资料，对各阶段成果提出意见和建议。轨道交通线站位方案基本确定后，市城乡规划行政主管部门应及时启动《轨道交通站点周边地区一体化规划研究》的编制工作，具体时间由市轨道交通主管部门确定。

（2）编制《轨道交通站点周边地区一体化规划研究》需市政府批复同意，编制费用由市财政安排。

（3）《轨道交通站点周边地区一体化规划研究》的主要规划目标如下：

1）确定规划核心区的功能定位、城市空间形态、道路交通体系、用地开发、地下空间布局，并进行相应的经济分析，其研究深度应达到控制性详细规划的深度；

2）确定轨道交通设施的合理衔接，其研究深度应达到修建性详细规划深度。

（4）《轨道交通站点周边地区一体化规划研究》的报批程序如下：

1）《轨道交通站点周边地区一体化规划研究》形成送审稿之前，市城乡规划行政主管部门应组织召开专家评审会，并征求市相关职能部门、相关镇（街）、园区管委会的意见；

2）根据相关意见，编制单位修改完善后，报市城乡规划行政主管部门会同市轨道交通主管部门初审；

3）《轨道交通站点周边地区一体化规划研究》送审稿通过初审后，由镇（街）、园区管委会负责编制或调整相关片区的控制性详细规划；

4）《轨道交通站点周边地区一体化规划研究》与片区控制性详细规划同时报市城市规划委员会审议；

5）《轨道交通站点周边地区一体化规划研究》由市城市规划委员会审议通过后，报市政府批准。市政府批复同意编制该规划研究之日起至片区控制性详细规划依程序审批通过之前，城市轨道交通站点一体化设计控制范围内除已办理了《建设用地规划批准书》或在市城乡规划行政主管部门办理了地块总平面图方案审查手续的建设工程之外，其他新建、改建、扩建工程项目一律停止审批。确需在停止审批期间开工建设的项目，应首先征得市轨道交通主管部门同意，再报市政府批准。

# 第5章　轨道交通与城市用地一体化开发的制度支持

从各国一体化开发的成功案例中可以看到，合理的制度支持，比如协调的工作机制和强有力的政策支持，是确保一体化开发从策划方案到建设运营全过程顺利开展并取得成功的关键所在。从一体化项目开发的过程来看主要有3个方面的制度支持非常重要，分别是规划制度、土地制度和投融资机制。

## 5.1　规划制度支持

### 5.1.1　健全的协调机制

1. 轨道交通规划与城市规划相协调

城市规划与交通规划的配合是轨道枢纽站与周边用地一体化规划成功的关键因素之一。各个城市的轨道交通线网规划要与城市总体规划、控制性详细规划相协调，在规划内容上实现三规合一。以新加坡为例，新加坡的城市规划和交通规划是由城市重建局（URA）和陆路交通管理局这两个不同部门分别承担的。新加坡城市规划采用概念规划和总体规划的二级规划体系，在概念规划层面上，交通部作为参与部门全程参与编制并主导交通规划，在总体规划层面上以陆路交通总体规划进行支撑，概念规划在宏观层面上突出战略性和远景化，总体规划和陆路交通总体规划在中微观层面上突出实施性和具体化。通过陆路交通管理局与城市重建局的紧密合作，使交通规划与土地规划结合，城市规划为交通基础设施（如地铁线路）预留用地，以减少在商业密集区和高密度住宅区规划公共交通基础设施可能面临的用地矛盾；同时，双方在公交枢纽周边规划较高密度的开发时，会及时协调，以便推进一体化开发。

2. 多部门一体化协调工作机制

轨道交通枢纽与周边用地一体化开发规划内容复杂，综合性强，涉及不同的政府主管部门和规划设计单位。规划、政策制定和具体实施的主体，在每一次的编制规划、政策制定和规划方案实施过程中，都要与相关部门紧密配合，可以通过征求意见、定期会议的形式，实现多部门之间的规划管理一体化，形成多部门协调工作机制，以确保一体化规划的顺利开展和实施。具体来讲比如建立一体化开发建设工作联席会议制度，搭建供不同利益方沟通协商的平台，督促推进一体化建设管理和重大事项决策。成立一体化开发建设办公室，在联席会议领导下统筹推进一体化建设，负责一体化开发建设的具体统筹、协调、督办工作，负责牵头制定城市轨道交通枢纽周边用地一体化规划、建设、实施计划，提出推进一体化建设的政策建议，督促落实一体化开发建设指挥部各项决策和议定事项。各层面平台上要定期召开工作会议解决需要协商的问题，比如联席会议对需要部门协调的重大决策事项不定期进行协调解决；一体化开发建设办公室工作会研究解决建设过程中有关具体工作、跨行政地域同步配套市政设施建设等事项，推进一体化开发建设工作有序快速开展。

以中国香港为例，香港铁路从政策制定、规划建设到运营管理涉及多个机构参与监管工作，其中较为主要机构为运输及房屋局和发展局（图5-1）。运输及房屋局作为香港铁路开发建设中最重要的参与机构，是港铁各类政策制定的主要机构，下设路政署、房屋署、运输署等部门。其中，路政署主要负责铁路发展规划研究并统筹铁路计划实施，运输署承担运营过程中的监管工作；发展局管辖的机电工程署下的铁路科负责铁路安全与事故调查的监管事项（张子栋，2014）。港铁公司作为香港政府绝对控股的铁路有限公司，主要承担港铁的建设与运营工作，同时在规划阶段，参与政府的规划研究工作，并可根据需求提出建设及规划修改建议，指定总纲规划蓝图，形成了与政府协作修订线路发展规划的合作模式；在轨道交通枢纽一体化规划中，港铁可以主导全面规划，港铁公司在物业开发部门下专设了城市规划部门，主要承担站点周边大片土地的区域规划及具体项目规划的职能，相关规划方案只要上报香港城市规划部门审批即可。在项目建设阶段，港铁承担对开发各环节的监管和协调开发商与政府之间相互关系的工作。港铁通过区域开发规划，获得政府的支持，通过项目规划清晰地划分二级开发价值链中规划设计与施工建设环节的价值，并以建设招标的方式实现对规划设计环节的利润占有（朱光，2015）。

新加坡轨道交通一体化开发的协调工作由城市重建局（URA）牵头。城市重建局下设总体规划委员会，总体规划委员会针对轨道交通周边用地一体化开发进行协调工作，市区重建局局长担任会议主席，包括陆路交通管理局、土地局、建屋局等单位，多部门同时进行工作，以便实现土地与轨道交通一体化规划发展（图5-2），总体规划通过多部门同时协商，高层随时沟通，确定出轨道沿线的各个地块的用地性质和容积率以及相应的发展控制要求。

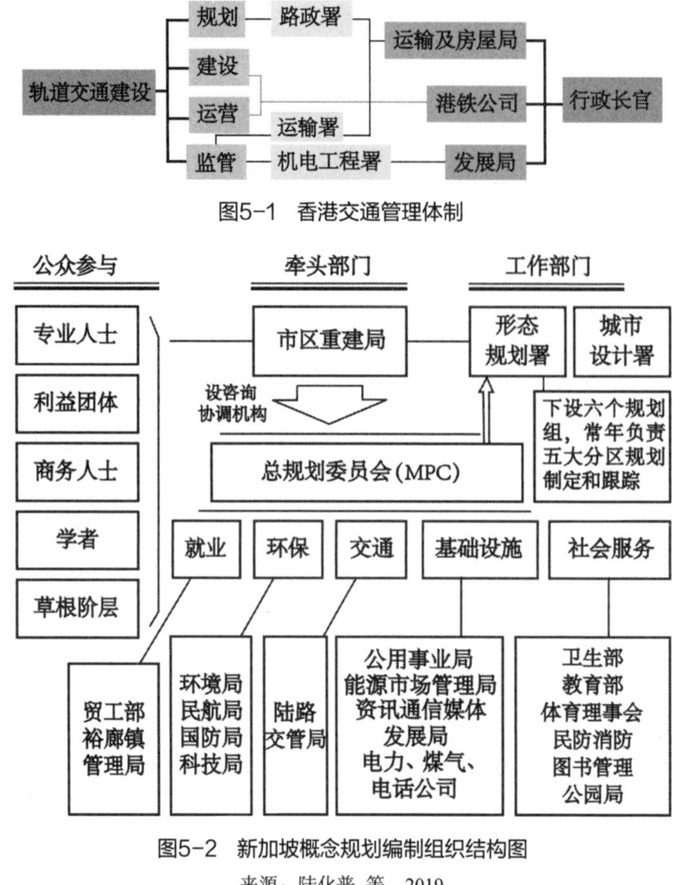


图5-1 香港交通管理体制



图5-2 新加坡概念规划编制组织结构图

来源：陆化普 等，2019

（1）总体规划上层协调：部局之间根据城市交通总体规划方针对 TOD 项目的实施进行协调，由各部门高层负责人相互沟通，互相提自己部门的要求，相互协调，沟通过程可能长达2～3年。

（2）跨部门协商：在确定了轨道线网路网、周边用地性质及容积率之后，TOD一体化发展项目需要由陆路交通管理局主导，开展跨部门的一些讨论会议，相互协商发展要求，如：陆路交通管理局和市区重建局主要负责确定地铁的位置、出入口数量等规划要求，以便在卖地之前设定限制性招标条件，同时由陆路交通管理局负责上报预算及工程可行性研究。在这个阶段，各部门间工作人员几乎每天通过邮件、电话等形式沟通，几乎每周都会面商讨具体事宜。

（3）规划建设协商：在开发商中标后，需要提供发展控制方案到陆路交通管理局审批，合格后方能施工建设。

（4）项目管理：在开发商开发建筑的过程中，持续跟进建设与设计方案是否有偏差，尤其是公共服务性质的建设，实现交通一体化无缝衔接（陆化普等，2019）（图5–3）。

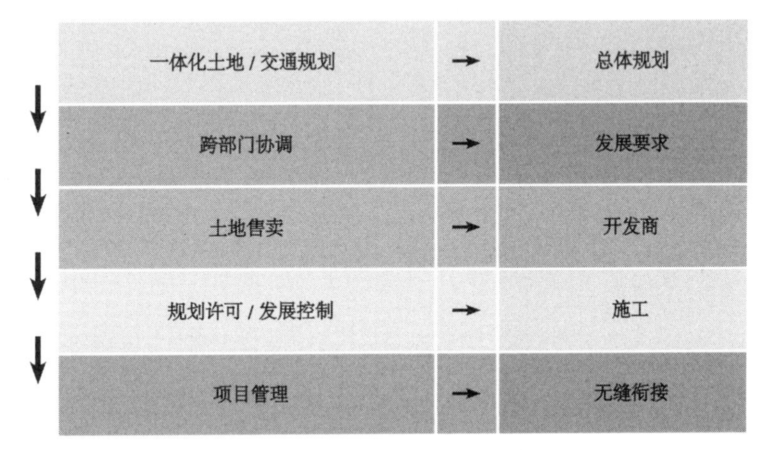


图5–3　新加坡一体化规划机制

来源：陆化普 等，2019

## 5.1.2　一体化政策引导

新加坡的交通与用地一体化开发能够成功的主要原因之一，在于其政府机构制定了强有力的公共交通政策。由于新加坡人口密度极高，土地资源稀缺，公共交通成为交通方式的必然选择，长期以来新加坡交通规划中一直秉承公交优先的理念，不断提高公交服务水平，自《1996年新加坡城市交通白皮书》中提出要“在地铁站等交通枢纽周边推进TOD开发模式，提高站点周边开发强度”以来，新加坡不断加强公共交通发展，推进地铁线路建设，提升公共交通服务质量；在《2008年陆路交通总体规划》中提出“提供一体化公交服务，保证常规公交与地铁系统的接驳，并统一票制；实时公交优先；继续推进地铁系统建设；缩短给予公交公司的运营年限，提高竞争水平；提升公交服务水平和安全性”。《2013年陆路交通总体规划》继续推进公交优先，加快扩展地铁，改革提升公共汽车系统，“提供更方便的公共交通换乘；建设有盖的步行廊道和自行车道”等，此外，新加坡政府在交通管理方面也出台了一系列相关措施（表5–1），为持续落实交通与用地一体化理念提供了强有力的政策支持。

新加坡部分交通管理政策　　表5–1

| 政策措施 | 政策发展基本情况 |
|---|---|
| 一体化换乘设施建设 | 新加坡大力推进“门对门”交通和“无缝衔接”交通服务，使不同交通工具的换乘距离控制在合理步行范围之内 |
| 有盖廊道 | 新加坡在全国建立了一套有盖走廊步行系统，直接从居住区内部延伸至附近公交车/地铁站，为市民乘坐公共交通提供了全天候方便 |

续表

| 政策措施 | 政策发展基本情况 |
| --- | --- |
| 实时公交信息服务 | 政府整合公共交通的信息资源，通过多种渠道提供所有的公交车和轨道交通线路信息，并在主要的公交车站设置实时到站信息板，在手机和网上提供电子版本。公交服务信息在所有轨道交通车辆和公交车上发布 |
| 公共交通现代化 | 新加坡在20世纪70年代重组、扩展和更新了公交服务；20世纪80年代投资建设了城市轨道交通系统；20世纪90年代后开始对公共交通收费制度进行改革，确保公共交通可支付 |
| 城镇配套发展策略 | 新加坡政府调整了城市的建设方向和发展布局，在大都市内建了相对独立的、有完善生活服务设施的城镇，减少居民出行的距离 |

来源：陆化普 等，2019

2013年以来，我国在鼓励城市轨道交通和综合客运枢纽的规划建设方面出台一系列政策文件，比如《国务院关于城市优先发展公共交通的指导意见》（国发〔2012〕64号）、《发展改革委关于印发促进综合交通枢纽发展的指导意见的通知》（发改基础〔2013〕475号）、《国务院办公厅关于进一步加强城市轨道交通规划建设管理的意见》（国办发〔2018〕52号）等逐渐松绑一体化开发建设方面存在的制约条件和壁垒，为探索轨道站点与城市用地一体化开发创造了条件。尽管如此，由于缺乏具体操作细则，在一体化开发方面长期存在规划方案难以落地的现状。2015年，住建部推出了《轨道沿线地区规划设计导则》，为一体化建设提供技术指导。地方层面，2016年至今，上海、成都等城市相继出台了关于轨道交通场站综合开发的实施意见（表5-2），开展TOD建设试点工作，初步对轨道交通枢纽与城市用地一体化开发进行了探索。因为不同城市的轨道交通一体化开发面临不同的现状条件，因此在政策上也不可能完全相同，各地在试点工作开展过程中可以借鉴其他城市的实践经验，取长补短，同时结合地方特点提出指导意见和实施细则，创造适合本地区的规划模式。

我国部分交通规划管理政策　　表5-2

| | 发布时间 | 发文机关 | 标题 | 一体化开发相关内容 |
| --- | --- | --- | --- | --- |
| 国家层面 | 2008年 | 国务院办公厅 | 《关于加强城市快速轨道交通建设管理的通知》（国办发〔2003〕81号） | 拟建城市必须重视和改进规划的编制和管理工作。对规划建设城轨交通项目的线路，要搞好沿线土地规划控制，编制专项土地控制规划，防止新建建筑物对线路的侵占 |
| | 2012年 | 国务院 | 《国务院关于城市优先发展公共交通的指导意见》（国发〔2012〕64号） | 突出公共交通在城市总体规划中的地位和作用，加强与其他交通方式的衔接，提高一体化水平；强化城市总体规划对城市发展建设的综合调控，统筹城市发展布局、功能分区、用地配置和交通发展，倡导公共交通支撑和引导城市发展的规划模式；同时，城市控制性详细规划要与城市综合交通规划和公共交通规划相互衔接，优先保障公共交通设施用地 |

续表

| | 发布时间 | 发文机关 | 标题 | 一体化开发相关内容 |
|---|---|---|---|---|
| 国家层面 | 2013年 | 发展改革委 | 《发展改革委关于印发促进综合交通枢纽发展的指导意见的通知》（发改基础〔2013〕475号） | 要在保障枢纽设施用地的同时，集约、节约用地，合理确定综合交通枢纽的规模。对枢纽用地的地上、地下空间及周边区域，在切实保证交通功能的前提下，做好交通影响分析，鼓励土地综合开发，收益应用于补贴枢纽设施建设运营 |
| | 2015年 | 住建部 | 《城市轨道沿线地区规划设计导则》（建规函〔2015〕276号） | 轨道线位走向及站点选址应考虑站点周边地块的储备及开发条件，使轨道建设能够引领周边区域的发展；站点核心区内与轨道站点直接相邻的地块，应作为空间一体化设计的重点，其空间组织应充分考虑不同产权单位的使用需求和管理需要，在不同高程空间中明确权属边界和管理边界，明确不同权属空间的对接要求 |
| | 2018年 | 国务院办公厅 | 《国务院办公厅关于进一步加强城市轨道交通规划建设管理的意见》（国办发〔2018〕52号） | 坚持多规衔接，加强城市轨道交通规划与城市规划、综合交通体系规划等的相互协调，集约节约做好沿线土地、空间等统筹利用；要加强节地技术和节地模式创新应用，鼓励探索城市轨道交通地上地下空间综合开发利用，推进建设用地多功能立体开发和复合利用，提高空间利用效率和节约集约用地水平 |
| | 2019年 | 中共中央、国务院 | 《交通强国建设纲要》 | 建设城市群一体化交通网，推进干线铁路、城际铁路、市域（郊）铁路、城市轨道交通融合发展；尊重城市发展规律，立足促进城市的整体性、系统性、生长性，统筹安排城市功能和用地布局，科学制定和实施城市综合交通体系规划。推进城市公共交通设施建设，强化城市轨道交通与其他交通方式衔接 |
| 上海 | 2013年 | 上海市人民代表大会常务委员会 | 《上海市轨道交通管理条例》 | 市规划国土资源行政管理部门应当会同市发展改革、建设、交通等相关行政管理部门和轨道交通企业组织编制网络系统规划、选线专项规划，并划定轨道交通规划控制区；同时，本市鼓励对新建轨道交通设施用地按照市场化原则实施综合开发。实施综合开发的，开发收益应当用于轨道交通建设和运营 |
| | 2016年 | 上海市人民政府 | 《上海市综合交通“十三五”规划》（沪府发〔2016〕88号） | 按照公共交通导向开发（TOD）的理念，实现以轨道交通为主的站点周边紧凑型、高密度开发，与地区开发功能紧密衔接；加快推进综合客运枢纽建设新建综合客运枢纽各类设施统一规划、统一设计、同步建设、协同管理，对已有衔接效率不高、功能不完善的综合客运枢纽实施改造，完善功能；完善综合交通运输规划与发展机制，进一步完善规划编制协调机制 |
| | 2016年 | 市发展改革委、市规划国土资源局 | 《关于推进本市轨道交通场站及周边土地综合开发利用的实施意见》（沪府办〔2016〕79号） | 两规合一。在轨道交通专项规划编制中，同步研究各场站综合开发的规划控制要求，条件成熟的场站可达到控制性详细规划深度，明确各场站的功能定位、开发范围、开发规模和相关控制要素等；市各相关部门在轨道交通场站及周边土地综合开发利用项目的规划、审批、建设、运营过程中，要积极给予支持，明确各自的责任分工，确保上盖开发各项工作得到有效落实。制定符合综合开发利用实际的建设管理标准，研究鼓励轨道交通场站综合开发和土地复合利用等方面的政策，支持综合开发利用尽快取得成效。对有条件的轨道交通场站，要在确保轨道交通建设进度的前提下，力争同步规划、同步实施 |

续表

| | 发布时间 | 发文机关 | 标题 | 一体化开发相关内容 |
|---|---|---|---|---|
| 成都 | 2015年 | 成都市政府办公厅 | 《成都人民政府关于推动城市轨道交通加速成网建设计划的实施意见》（成府发〔2015〕31号） | 按照“政府主导、社会参与、轨道优先、加快推进、市区（市）县共担”的原则，根据“一次规划、分步报批、加快实施、综合开发”的路径，统筹加快推进我市轨道交通建设；加强城市轨道交通场站综合开发。加强对城市轨道交通沿线地下空间、站点、P+R停车场、车辆段等的综合开发，同步开发城市轨道交通沿线的上盖物业和地面、地下空间。城市轨道交通沿线地下空间配套设施纳入城市轨道交通项目整体管理 |
| | 2017年 | 成都市政府办公厅 | 《成都市城市地下空间开发利用管理办法（试行）》（成府函〔2017〕211号） | 城市地下空间开发利用应当遵循系统规划、分层利用、公共利益优先、轨道交通引领、结合重点地区综合开发、地下与地上相协调的原则；鼓励轨道交通规划保护区范围内或与轨道交通相邻的其他地下空间工程，与轨道交通进行整体开发建设。轨道交通建设应当与沿线地块、道路、地下公共通道及市政设施等建设活动相衔接，按规划要求预留与周边工程的接口条件，连接通道的实施由周边工程的建设单位负责 |
| | 2019年 | 成都市政府办公厅 | 《成都市轨道交通场站综合开发用地管理办法（试行）》（成办函〔2019〕54号） | 轨道交通场站综合开发用地范围内的土地在出让前，须完成一体化城市设计及相应控规调整，一体化城市设计成果及相关技术要求需纳入拟上市宗地规划、建设条件 |
| | 2020年 | 成都市政府办公厅 | 《成都市人民政府办公厅关于进一步鼓励开发利用城市地下空间的实施意见（试行）》（成办发〔2020〕12号） | 在未开发建设区域，对轨道交通等地下综合体重点建设片区，地下空间应当进行统一规划、整体设计，积极推进“带地下工程”方案土地出让。对于已出让地块，在建设方案审定中充分考虑项目特点、周边情况以及功能综合、复合利用的地下空间建设要求；促进地下空间互连互通。鼓励利用地下空间建设交通场站设施和道路设施，处理好地面建筑和各种设施空间关系，形成地上、地下有机协调的综合系统 |
| 北京 | 2016年7月4日 | 北京市交通委员会、北京市发展和改革委员会 | 《北京市“十三五”时期交通发展建设规划》 | 加强轨道站点与周边用地衔接。发挥轨道交通对周边用地的引导作用，适当提高轨道站点和枢纽周边用地容积率。出台相关鼓励政策，保障轨道站点换乘设施用地，促进站点出入口、通道与周边建筑形成便捷有效的连接；完善轨道站点交通接驳设施；完善落实交通用地机制，加大交通基础设施建设的土地供应力度；促进公共交通与周边用地融合发展。健全公共交通用地综合开发政策落实机制，推动城市综合枢纽周边用地和轨道交通等走廊沿线用地的综合开发利用，促进公共交通与周边区域协同发展 |
| | 2017年9月29日 | 中共北京市委、北京市人民政府 | 《北京城市总体规划2016年—2035年》 | 继续加密规划功能区、交通枢纽等重点地区轨道交通线网，加强轨道交通车站地区功能、交通、环境一体化规划建设；坚持立体分层开发，统筹地上地下空间布局。以中心城区和北京城市副中心为重点，以轨道交通线网为骨架，统筹浅层、次浅层、次深层、深层4个深度，加强以城市重点功能区为节点的地下空间开发利用；建立交通与土地利用协调发展机制。加强轨道交通站点与周边用地一体化规划及场站用地综合利用，提高客运枢纽综合开发利用水平，引导交通设施与各项城市功能有机融合 |

续表

| | 发布时间 | 发文机关 | 标题 | 一体化开发相关内容 |
|---|---|---|---|---|
| 北京 | 2020年4月1日 | 北京市规划和自然资源委员会 | 《北京城市轨道交通车辆基地综合利用规划设计指南》（征求意见稿） | 在具有综合开发潜力的地区做好规划预留，分时序开发建设。协调综合利用工作与车辆基地工程建设周期同步开展、同步规划、同步设计，保证车辆基地正常运营；车辆基地用地内或周边应同步配置轨道交通站点。对于新建项目，必须同步配置轨道交通站点。对于既有车辆基地进行改造综合利用，应在未来轨道交通建设时优先配置站点；相邻车站应当采用一体化的形式，处理好与周边功能、交通、景观的衔接关系。车站一体化预留工程应当与车辆基地综合利用预留工程同步建设实施 |

### 5.1.3　弹性开发控制策略——容积率奖励

市场经济下的开发建设具有不确定性和多样性，故应提高规划的实效性，适当发展“弹性控制方法”，增加灵活性，以更好地促进公共项目的开发建设，引导土地的集约利用，适应城市的多元化发展。

容积率奖励政策是弹性控制方法在轨道交通枢纽与城市用地一体化开发中的重要体现，具有合理的奖励机制和约束条件，在鼓励开发商积极建设的同时，又对开发程度有所约束，有利于城市的可持续发展。

1. 容积率奖励的概念

容积率奖励是指土地开发管理部门在开发商提供诸如广场、骑廊、绿化、环境设施等符合要求的公共空间或公益性设施的情况下，允许开发商获得一定的建筑面积作为奖励（图5–4）。

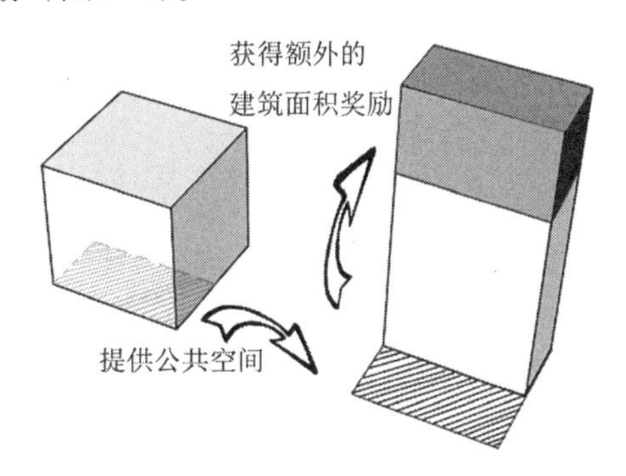


图5–4　容积率奖励

2. 容积率奖励的适用范围

容积率奖励作为开发建设中的弹性控制方法，通常适用于商业区、交通节点等人流聚集较多，土地价值较高的区域。因为一般情况下，这些区域的用地开发强度较大，公共空间存在数量较少、品质不定、面积有限等问题，难以满足人们休闲娱乐、公共活动等日益提高的生活需求。容积率奖励能够在一定程度上改善这种情况，释放更多、更有效的开放空间，又满足了开发商的经济需求。容积率奖励应用范围广，在环境保护、历史建筑保护方面也有所应用，本书主要论述其在轨道交通枢纽与城市用地一体化建设中的表现。

3. 容积率奖励的内容

（1）容积率奖励的层级

对于某一具体项目的容积率奖励，应在满足不同国家或城市区划容积率奖励标准的基础上，进行具体项目的容积率奖励指标设定。

同时，不同项目的容积率奖励标准是有差异的，即提供不同区位或不同品质的公共空间、公益性设施等所获得的容积率奖励内容是不同的。

（2）容积率奖励的对象及条件

容积率奖励的对象是指能够提供符合容积率奖励要求的开发者（开发商）。容积率奖励的条件在不同国家有不同的具体要求和分类体系，但其实质相同，均是为了维护城市的公共利益。综合东京、纽约等城市的容积率奖励条件，分为以下几类：

1）宜人步行空间（公园、宽阔的人行道、广场和公共电梯等）；

2）文化设施（艺术中心、图书馆和博物馆等）；

3）社会服务设施（廉价住房、公共停车场、医疗设施等）；

4）设计特色（屋顶花园、前庭、标志性的建筑顶层等）。

不是所有的城市地段都适用于奖励性管制方法，只有位于特殊地段的重点项目或有特殊要求的开发项目才有可能实施，如城市中心区、历史保护地段、重要景观节点、城市复兴地区等（杨俊宴 等，2007）。

（3）容积率奖励的比例

从构成角度看，容积率奖励需要具备额定容积率和奖励应有的计算比例，以对满足奖励条件所能获得的额外建筑面积的数量进行规范。容积率奖励比例的核心是为了满足容积率奖励的可行性要求，解决因超额容积率建设给城市环境带来额外负担的问题，即制定使新增公共空间带来的积极影响能够平衡“额外负担”的奖励比例。

（4）容积率奖励的上限

容积率奖励作为政策性的奖励方法，在奖励限度上应予以规定。任何地区的环境承载能力、社会增值利益等都有一个临界值，不能无限增长，为避免出现因容积率奖励政策的实施而产生与城市发展不符的建筑规模、密度、体量等情况，对容积率奖励的上限予以规定（杨俊宴 等，2007），如应用特定地区容积率奖励要求、规定容积率奖励合计的最高限额（具体可见《东京特定街区运用基准》《东京都高度利用地区指定基准》等基准文件）等方式。

（5）容积率奖励的有效性

容积率奖励的有效性主要分为两方面内容：一是城市建设方面，超额容积率建设给城市环境带来额外的负担要能与新增的公共空间（容积率奖励对象内容）所带来的积极影响相平衡；二是经济效益方面，奖励容积率的价值应与开发商建设公共空间的投资成本相匹配。

### 4. 容积率奖励与一体化开发的关系

容积率奖励在轨道交通枢纽与城市用地一体化开发中得到最好的体现。在一体化开发过程中，轨道交通枢纽的建设会促进周边用地呈高强度、多功能、混合化发展，汇集越来越多的商业、办公、居住等功能的建筑，进而致使人口密度大幅度上升，建筑也越盖越高，公共空间受到越来越大的面积限制，环境及生活品质下降。容积率奖励的应用，能够使开发者在一体化开发建设时，主动谋求公共空间和公益性设施的建设以获取额外的容积率奖励。这种奖励政策不仅改善了城市质量、满足市民需求，同时符合开发者逐利的特性，并与TOD理念相契合，实现了市民、政府和开发者的共赢，高密度开发和开放公共空间的双赢。

综合分析不同国家的容积率奖励机制，在宏观层面并未进行过于详细的分类，但其内容涵盖广泛，涉及交通、环境、灾害、福利设施、历史建筑等多个领域，并将老人、儿童、残疾人等弱势群体的需求纳入考虑，最终形成如今较为完备的奖励机制。轨道交通枢纽及城市用地的一体化开发依据项目的具体情况不同，仅契合宏观容积率奖励中的部分条例。因此，在项目实际运作中，更多的是制定针对具体项目的具体指标。

### 5. 容积率奖励的应用——日本东京

（1）东京容积率奖励的背景

早在20世纪70年代，日本政府出台的文件中就有提到对于非一般用途地域可以通过提供公共空间以获得容积率奖励。1970年，日本在修改《建筑基准法》中增加了容积率奖励的内容（吴静雯 等，2007）。

自20世纪90年代到21世纪初，日本地价一直处于停滞期；从2000年开始，日本部分地区的地价在城市更新政策和TOD理念的带动下有所提升。《建筑基准法》《城市规划法》《城市再生特别措施法》作为当时城市更新政策的相关法律文件，可以归纳出综合设计、特定街区、高度利用地区、再开发促进区等指定地区规划以及城市再生特别地区五类不同年代颁布的条例，并规定了各条例的规划缓和对象（其中包括对容积率的缓和）及其不同区位的容积率增加上限，作为开发商建设的奖励依据。同时运用TOD理念，制定并实施以轨道交通等公共交通站点为中心的发展策略，缓解了容积率奖励带来的诸如容积率上升、城市压力增大、自然环境受损等一系列不良后果，更好地促进城市更新，改善人居环境。

2003年东京都出台了《东京城市景观发展促进条例》，要求城市再建区根据各地实际情况编制本地区的“城市再建方针”，鼓励利用容积率管理手段解决城市建设问题（春燕，2014）。该条例体现了东京城市建设“具体问题具体分析”的发展策略，特别适用于轨道交通枢纽与城市用地的一体化开发这一复杂情况，也为容积率奖励在一体化开发中的应用提供了制度保障。

除此之外，日本还制定了《东京都特定街区运用基准》《东京都高度利用地区指定基准》《东京都再开发等促进区地区规划运用基准》等规范，作为容积率补贴的依据。规范中规定了不同区域（市中心、副市中心、一般地区等）的容积率奖励最高限额以及容积率评价标准等内容。

（2）云雀丘地区开发案例

云雀丘站位于日本西东京市的住吉町地区。从轨道线网上来看，该站点位于东京的池袋线上，能够与巴士站点相接驳，因此交通状况良好，十分便捷。

本项目的开发范围是云雀丘站北侧（东北方向）面积约4.1hm$^2$的不规则片区（图5-5），属于城市局部更新、轨道交通枢纽周边用地重新规划再开发项目。根据《西东京市城市总体规划》规定，该地区属于商业片区，改造前是与住宅区毗邻的商业街区，存在道路等城市基础设施不足的问题，因此如何营造安全、舒适的步行空间、进行合理的土地利用、提升片区的繁华度和便捷性成为项目设计的重点（图5-6）。

**图5-5 基地现状**

来源：必应地图，项目范围界线为作者自绘

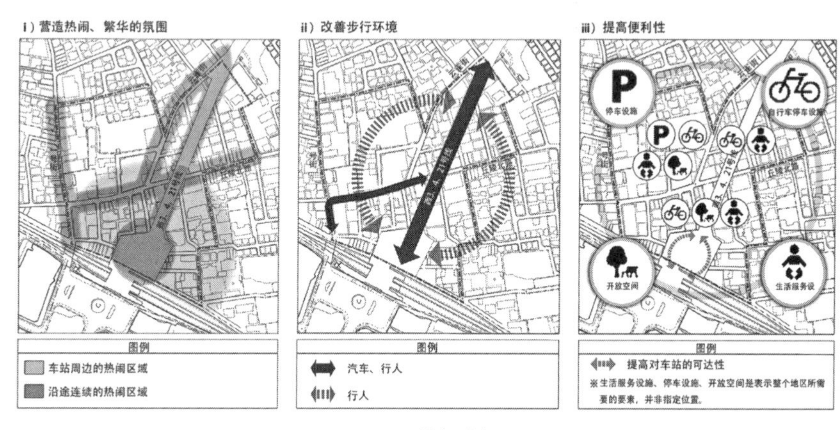


图5-6　整备分析图

来源：东京都西东京市政府官网，《ひばりヶ丘駅北口地区街道再生方針》：https://www.city.nishitokyo.lg.jp/siseizyoho/sesaku_keikaku/keikaku/toshi/hibakita_machinami.files/08.pdf

1）分区情况

以西东京都市规划道路3、4、21号姬丘站北口线（站前广场和道路，以下简称“西3、4、21号线”）的整备为契机，将该不规则片区分为中心区A、中心区B、站点联合区A、站点联合区B4部分，其中不同区域的整备目标、容积率奖励条件、上限有所不同（图5-7）。

图5-7　区域划分图

来源：东京都西东京市政府官网，《ひばりヶ丘駅北口地区街道再生方針》：https://www.city.nishitokyo.lg.jp/siseizyoho/sesaku_keikaku/keikaku/toshi/hibakita_machinami.files/08.pdf

2）容积率奖励项目和上限

云雀丘地区的容积率奖励标准，首先要符合高度利用地区的容积率奖励标准

（即《东京都高度利用地区指定基准》），不得突破其奖励上限，再满足日本国土交通省对该地区制定的具体的容积率奖励要求。该项目将对街道再生有必要贡献的贡献项目列为《基于街道再生的贡献的容积率的比例增加①》，即共通项目，是指开发商必须达成的项目；将有利于城市更好建设的贡献项目列为《基于街道再生的贡献的容积率的比例增加②》，即选择项目，是指开发商自愿参与的项目。

《基于街道再生的贡献的容积率的比例增加①》包括对交通动线、行人动线、人行道空地（主要交通动线部分）的整备和对建筑物的墙面位置、高度、用途的限制与要求。按照分区情况，对这些共通项目总共的容积率奖励上限作出规定（表5-3）。

《基于街道再生的贡献的容积率的比例增加①》相关内容　　表5-3

| 区域划分 | 中心区 | | | | | 站点联合区 | | |
|---|---|---|---|---|---|---|---|---|
| | A | | | B | | A | B | |
| 具体区域 | 西3、4、21号线毗邻区域 | 主要交通线路沿途区域 | 其他道路毗邻区域 | 西3、4、21号线毗邻区域 | 其他道路毗邻区域 | — | 交通线Ⅱ毗邻区域 | 其他道路毗邻区域 |
| 容积率奖励上限 | 500% | 480% | 300% | 350% | 300% | 300% | 220% | 200% |

来源：东京都西东京市政府官网，《ひばりヶ丘駅北口地区街道再生方針》：https://www.city.nishitokyo.lg.jp/siseizyoho/sesaku_keikaku/keikaku/toshi/hibakita_machinami.files/08.pdf.

《基于街道再生贡献的容积率的增加②》中的贡献项目在不同分区中的内容存在差异，具体条目在后文详细介绍。

该片区的容积率奖励最大上限＝片区标准容积率＋共通项目规定的容积率最大值＋选择项目规定的容积率最大值（选择项目规定的容积率主要依据开发商具体提供的符合要求的选择项目来计算，每满足一项加上其对应的容积率奖励额度）。对容积率奖励的最高限度见表5-4。

各区域容积率奖励最高限度　　表5-4

| 区域划分 | 中心区 | | | | | 站点联合区 | | |
|---|---|---|---|---|---|---|---|---|
| | A | | | B | | A | B | |
| 具体区域 | 西3、4、21号线毗邻区域 | 主要交通线路沿途区域 | 其他道毗邻区域 | 西3、4、21号线毗邻区域 | 其他道路毗邻区域 | — | 交通线Ⅱ毗邻区域 | 其他道路毗邻区域 |
| 容积率奖励上限 | 650% | 580% | 450% | 450% | 400% | 400% | 370% | 350% |

来源：东京都西东京市政府官网，《ひばりヶ丘駅北口地区街道再生方針》：https://www.city.nishitokyo.lg.jp/siseizyoho/sesaku_keikaku/keikaku/toshi/hibakita_machinami.files/08.pdf.

### 3）各分区具体奖励项目及额度

① 中心区A（图5-8）：

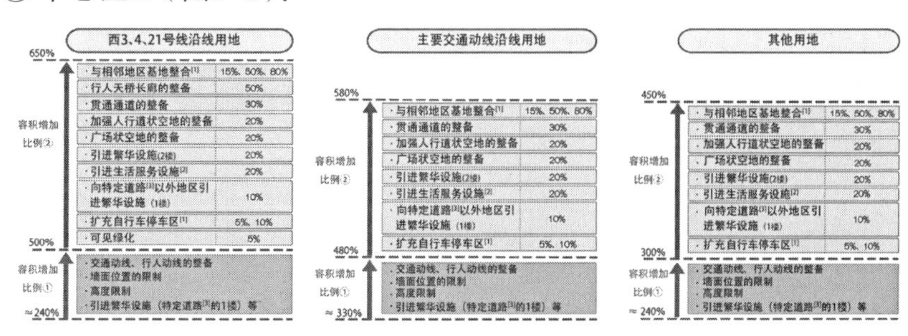


图5-8 中心区 A 的容积率奖励细则

注：[1] 根据规模等阶段性地设定评价；[2] 仅限1楼部分引进设施（商业设施等）时；
[3] 西3、4、21号线，云雀路，云雀丘北路，最通的沿途

来源：东京都西东京市政府官网，《ひばりヶ丘駅北口地区街道再生方針》：https://www.city.nishitokyo.lg.jp/siseizyoho/sesaku_keikaku/keikaku/toshi/hibakita_machinami.files/08.pdf.

② 中心区B（图5-9）：

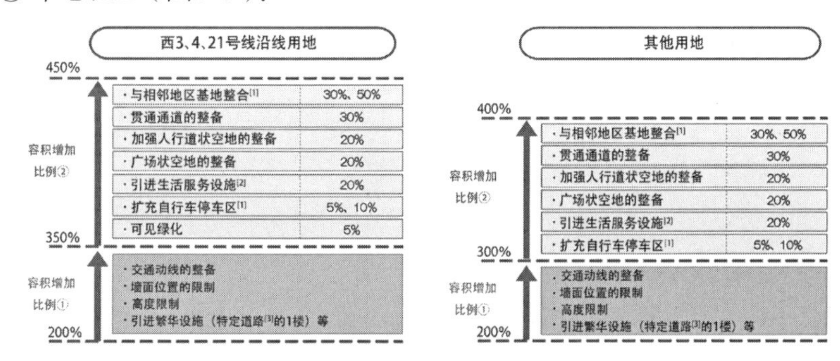


图5-9 中心区B的容积率奖励细则

注：[1] 根据规模等阶段性地设定评价；[2] 仅限1楼部分引进设施（商业设施等）时；
[3] 西3、4、21号线，云雀大道，云雀丘陵路的沿途

来源：东京都西东京市政府官网，《ひばりヶ丘駅北口地区街道再生方針》：https://www.city.nishitokyo.lg.jp/siseizyoho/sesaku_keikaku/keikaku/toshi/hibakita_machinami.files/08.pdf.

③ 站点联合区A＋站点联合区B（图5-10）：

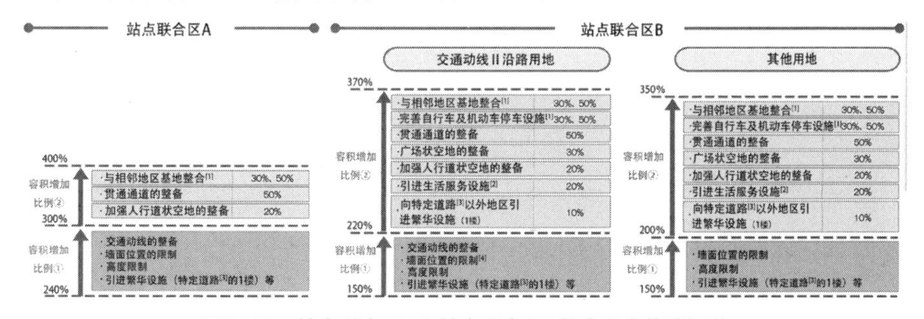


图5-10 站点联合区A和站点联合区B的容积率奖励细则

注：[1] 根据规模等阶段性地设定评价；[2] 仅限1楼部分引进设施（商业设施等）时；
[3] 一号街、云雀大道的沿途；[4] 3号仅限指定墙面线的用地

来源：东京都西东京市政府官网，《ひばりヶ丘駅北口地区街道再生方針》：https://www.city.nishitokyo.lg.jp/siseizyoho/sesaku_keikaku/keikaku/toshi/hibakita_machinami.files/08.pdf.

## 5.2 土地制度支持

土地供给制度是确保轨道交通枢纽与城市用地一体化开发建设成功的关键，本节将从一体化开发与土地出让方式、土地分层确权和土地储备制度支持几个方面进行分析。

### 5.2.1 土地出让方式

土地出让主要是指国有土地的出让。下文将列举新加坡和我国大城市的土地出让方式作为参考，以提出建设性意见。

**1. 新加坡做法**

新加坡大部分的土地所有权归政府，这些土地的发展利用均由政府进行调控。在轨道交通一体化建设中，首先通过政府代征的方式获得轨道交通枢纽周边用地，并由政府负责出资建设。之后，根据投标文件公开招标。

最低地价由新加坡总估价司核定，如果达不到此价，不必卖出。用地性质和容积率不同，地价也不同。如新加坡乌节路地铁站，地铁建成15年后周边地块才卖出，但是周边地块的桩基已经预先打好。取得地块的开发商必须一次付清款项，遵循投标文件的要求进行开发，一般要求招标之后5～8年内完成开发，以防止开发商囤地。

卖地年限：商业、住宅均为99年，工业用地60年（陆化普 等，2019）。

**2. 中国香港做法**

香港地铁的主要做法是：锁定地价，与开发商协议开发，分期付款。

香港特别行政区政府通过协议出让的方式将土地出让给港铁公司，港铁公司凭借协议去寻找开发商进行合作，并与合作的开发商签订协议开发的合同，由开发商支付土地出让费用。在此过程中，土地产权未发生变化，仍属于港铁公司。

政府采用协议出让方式获取土地时，对于沿线车站和轨道线路用地，只是象征性地收取土地出让金，甚至免缴土地出让金；对于物业开发用地，按照未进行规划建设前的市场土地价格收取费用；对于已经出让的大型物业开发项目，政府允许对地块进行再次划分，并确定各地块支付地价和进行分期开发建设的时间（张全国，2014）。同时，香港允许土地分层业权，实现分层出让。在土地出让费用方面，待港铁公司找到开发商合作后，再进行地价支付，并可进行分期付款。

**3. 我国其他城市做法**

综合分析我国各大城市轨道交通一体化开发的土地出让做法，梳理出以下几个城市的土地出让方式和具体文件细则，见表5-5。

我国部分城市的土地出让做法及相关政策支持　　表5-5

<table>
<tr><th>城市</th><th>土地出让方式</th><th>时间</th><th>发文机构</th><th>文件名称</th></tr>
<tr><td>上海</td><td>协议出让+划拨</td><td>2016年10月7日</td><td>上海市发展改革委<br>上海市规划国土资源局</td><td>《关于推进本市轨道交通场站及周边土地综合开发利用的实施意见》沪府办〔2016〕79号</td></tr>
<tr><td colspan="5">1.对新建轨道交通场站综合建设用地，由所在区政府按照现行分工负责征收。在完成土地储备形成“净地”后，可以协议方式将轨道交通场站综合用地使用权出让给综合开发主体。轨道交通场站综合用地中用于车站、轨道部分的土地，按照划拨土地方式管理。<br>2.对既有轨道交通场站综合建设用地，所在区政府在充分作好相关风险评估的前提下，可收回已划拨供应的轨道交通市政设施用地。轨道交通场站综合用地使用权，可以协议方式出让给 综合开发主体。轨道交通场站综合用地中用于车站、轨道部分的土地，按照划拨土地方式管理</td></tr>
<tr><td>深圳</td><td>土地使用权作价出资</td><td>2012年7月4日</td><td>中共深圳市委办公厅<br>深圳市人民政府办公厅</td><td>《深圳市土地管理制度改革总体方案》近期实施方案（2012~2015年）深发〔2012〕3号</td></tr>
<tr><td colspan="5">完善土地作价出资方式试点。以地铁三期开发用地为试点，探索国有土地作价出资方式适用范围取得土地使用权法律效力、运作程序和规则等，完善土地作价出资土地有偿使用方式。<br>试点单位：深圳市地铁集团<br>指导单位：深圳市规划国土委</td></tr>
<tr><td>深圳</td><td>土地使用权作价出资</td><td>2013年5月</td><td>深圳市人民政府办公厅</td><td>《深圳市国有土地使用权作价出资暂行办法》</td></tr>
<tr><td colspan="5">由深圳市人民政府选择经营性开发用地实施作价出资，将土地使用权注入国有独资的市地铁集团有限公司、市机场集团有限公司、市特区建设发展集团有限公司等全资国有企业，封闭运行，完成增资手续后由三家公司分别进行开发运行（喻建华 等，2019）。</td></tr>
<tr><td>成都</td><td>协议出让+拍挂</td><td>2019年4月30日</td><td>成都市新都区规划、自然资源局利用科</td><td>《成都市轨道交通场站综合开发用地管理办法》成办函〔2019〕54号</td></tr>
<tr><td colspan="5">1.符合《划拨用地目录》的非经营性地上、地下空间，按行政划拨方式供地。<br>2.不具备单独规划建设条件须整体或分层开发建设的轨道交通场站综合开发用地，宗地物业有出让年限内不得整体或分割销售、转让要求的，经市、区（市）县政府批准，规划和自然资源部门按协议出让方式供地：宗地物业有销售、转让要求的，按拍卖、挂牌方式公开出让：对于涉及不同规划用地性质的，可打捆出让。<br>3.除不具备单独规划建设条件的轨道交通场站综合开发用地外，其他轨道交通场站综合开发用地按现行拍卖、挂牌方式公开出让。<br>4.轨道交通场站综合开发用地上市前，应按现行方式对土地进行评估。以拍卖、挂牌方式出让的，起始叫价可按不考虑轨道交通因素的宗地评估价的70%确定</td></tr>
</table>

### 4. 总结与建议

综上所述，我国轨道交通一体化开发的土地获取，受限于我国的土地政策，根据我国《轨道交通地上地下空间综合开发利用节地模式推荐目录》（自然资办函〔2020〕120号）：依据现有土地供应政策，对符合《划拨用地目录》的交通用地部分仍以划拨方式供地，其他部分需招拍挂出让的，主要采取招标、挂牌出让，也有采取协议出让、作价出资等方式（表5-6）。

土地获取主要方式　表5-6

| 土地获取方式 | 定　义 | 代表城市 |
| --- | --- | --- |
| 作价出资 | 政府以土地使用权的评估值作为资本金注入市属地铁集团，由其以此为依托进行轨道交通建设融资，并用物业开发收益偿还债务融资、平衡运营缺口 | 深圳 |
| 协议出让 | 政府通过出台办法或会议纪要的形式，将相关地块的土地使用权协议出让给市属地铁集团，由其进行建设融资和物业开发 | 香港、上海 |
| 附条件“招拍挂” | 政府在招标公告里要求参加竞投的主体资格，最终实现了线路运营和上盖物业开发主体都是一家公司，既确保地铁建设和运营安全，也实现资金平衡，降低政府补助负担 | 新加坡、我国大部分城市 |

来源：贺磊，2017.

虽然我国大城市积极创新、改进土地出让方式，但仍存在许多不足之处。因此，给予以下建议：

（1）轨道交通枢纽与城市一体化建设时，应灵活选择适合既定开发项目的土地出让方式，并且不同用地参照不同协议出让方式确定作价金额和供地程序，体现其作为“有偿使用”的特点。

（2）对于协议出让，要制定严谨的出让合同，避免出现开发商高价转让牟利或者低价撤资等随土地市场价格走向变动而产生的不良现象，防止土地出让中政府收益的严重受损。

（3）对于土地的作价出资，虽然有利于平衡投资资金，避免运营亏损，但在实际项目开发中，仍存在项目的土地价格及开发收益无法平衡资源配置缺口的问题。因此，要将作价出资与投融资机制统筹考虑，同时借鉴港铁开发模式，如与政府合作控制地价等。

（4）将轨道交通站点以及上盖物业建设用地均纳入可实施作价出资或入股的用地范围，由项目建设单位或与相关企业合作实施一体化开发，与轨道交通主体工程同步设计和施工，但对允许作价出资或入股的用地规模应予以严格约束，仅限定在必需的交通站场用地及其影响范围内，确保土地市场的公平性和竞争性。

（5）应对土地出让费用支付期限予以宽限。目前，我国土地出让款多是在土地拍下后，一年之内必须付清，有较大的财政压力。

### 5.2.2 土地分层确权

在轨道交通一体化开发中，土地权属是一个十分核心的问题，特别是在我国这种土地性质清晰、权属明确、兼容性差的国家。对于大部分城市，土地权属的分区仅停留在水平层面，在站点规划中将土地分为红线内（由轨道交通建设方面负责开发并取得相应收益）和红线外（由当地政府开发并取得收益）两部分。

目前，针对轨道交通枢纽的综合开发更多的是提倡“分层确权”（指土地使用权）。土地分层确权是指可将土地进行立体的纵向分割，设立若干个相互之间不冲突的建设用地使用权，再进行分层出让。针对这块内容，国家层面尚未出台实施细则。地方层面北京、广州、深圳等城市在轨道交通枢纽上盖物业开发中各自进行了不同的探索（表5–7）。

我国部分城市土地分层确权做法　　表5–7

| 城市 | 项目名称 | 做　法 |
| --- | --- | --- |
| 北京 | 五路车辆段项目 | 创新立体钉桩方式以综合服务设备结构转换夹层底板防水层为界，合理划分轨道交通与二级开发使用功能作为后续办理产权手续边界 |
| 广州 | 万胜广场综合开发项目 | 采用高层坐标方式，实现轨道交通上盖用地分层出让新模式。同时，为解决交通枢纽不动产登记问题，选取地铁7号线石壁站、官湖车辆段综合体作为试点对象，研究解决地下建构筑物所有权边界、国有建设用地使用权分层设立权属界限问题，开展多测合一、多证联办、推进三维确权登记新模式等技术创新 |
| 深圳 | 前海综合交通枢纽开发 | 对地下使用权空间进行分层控制，通过技术手段创新，即利用数字模型技术建立三维立体模型，明确不同用地空间的范围，通过立体确权，理清地下空间边界关系 |

来源：自然资源部办公厅印发的《轨道交通地上地下空间综合开发利用节地模式推荐目录》：http://gi.mnr.gov.cn/202002/t20200211_2499069.html.

### 5.2.3　土地储备制度支持

#### 1. 土地储备的概念

土地储备的基本含义是城市政府按照法律程序，依照土地利用总体规划和城市规划，对通过回收、收购、置换、征用等方式取得的土地进行前期开发并予以储存，最终实现调控城市各类建设用地需求的一种经营管理机制或行为（张京祥 等，2007）。

土地储备在轨道交通枢纽与城市用地一体化开发建设上，主要表现为将轨道交通具体建设项目与土地储备机制相结合，即将一级开发的土地作为储备对象，以获得开发项目周边土地的增值收益，并将该增值收益专项用于平衡轨道交通建设的投融资（如将土地增值收益纳入土地储备专项资金），形成“土地储备——增值收益——轨道建设”良性循环模式。

### 2. 土地储备的实施目的

当前我国在轨道交通枢纽与城市用地一体化开发机制上并不成熟，许多环节都存在问题。因此，借鉴新加坡、日本等地的实践经验，在学习其开发模式的同时，也研究它们的土地制度。虽然由于法律规范、体制机制等原因无法照搬，但依旧有所受益，土地储备制度便是其中之一。

土地储备制度有利于轨道交通和沿线站点一体化开发同步进行，形成“土地储备——增值收益——轨道建设”良性循环模式；有益于解决轨道交通开发与城市建设中存在的时序问题；有利于形成“轨道＋物业”的开发模式，带动周边地区甚至是城市的综合发展；有助于将轨道交通带来的外部效益内部化；能够缓解政府的资金压力，将土地价值最大化，把轨道开发带来的土地增值收益用于轨道交通建设，补偿建设投融资；有利于让投融资主体参与沿线土地的开发储备，形成轨道交通建设投融资和土地储备机制相结合的模式，在强化土地储备机制的同时，还可以建立高效的投融资机制。

### 3. 土地储备的分类

根据不同轨道站点项目的建设周期、建设时序不同的原则，将土地储备机制分为近期土地储备和远期土地储备。

（1）近期储备用地，期限为1～2年。以住房城乡建设部于2015年发布的《城市轨道沿线地区规划设计导则》为例，是指枢纽站（A类）、中心站（B类）、组团站（C类）等重要开发区域的储备用地，能够利用项目推进获取资金，反哺于轨道的开发建设，减轻政府及有关部门的财政压力。

（2）远期储备用地，期限为3～5年。以住房城乡建设部于2015年发布的《城市轨道沿线地区规划设计导则》为例，是指特殊控制站（D类）、端头站（E类）等需要远期规划开发区域的储备用地，如D类储备地块，在产权明晰、构成简单兼具开发潜力的情况下可先行收储，后作远期开发规划安排，以获取土地的远期增值收益。

### 4. 土地储备的实践应用

在轨道交通枢纽与城市用地一体化开发中，不同国家对土地储备的规划安排不同，但其实质都是一样的，即通过科学预判将轨道交通站点或轨道沿线地区的土地提前收储，以赚取土地升值后的增值收益，实现利益最大化。表5-8分别列举了新加坡和日本多磨田园都市开发项目在轨道交通一体化开发方面的土地储备情况和做法。其中土地预留安排指将轨道交通中的哪一部分作为计划储备的土地；土地利用情况指已收储土地的利用做法，即收储后，未来如何运作或如何使用。

新加坡和日本的土地储备做法　　表5-8

| 国家 | 土地预留安排 | 土地利用情况 |
| --- | --- | --- |
| 新加坡 | 将轨道交通站周围一大片土地作为发展预留用地，外围进行高密度住宅建筑的开发 | 在未开发前可进行环境绿化，并以此作为控制指标。当作为商业用地开发时，在新城开发形成一定规模后通过拍卖、招标的方式交付给开发商进行开发建设 |
| 日本（以多摩田园都市开发为例） | 对站点周边和轨道沿线用地有计划地进行收购，并结合“地上权对价方式”吸引土地所有者参与一体化开发，后将土地所有者45%土地换取土地的一级开发权，并将其中1/2作为发展预留用地（赵坚 等，2018） | 将另外1/2土地进行城市设施建设，待发展预留用地升值后，出售给开发商进行开发。1953年开发初期，售价为0.43美元/$m^2$，20世纪60年代中期，售价为1.5美元/$m^2$（Cervera,1998） |

### 5. 土地储备的问题与建议

（1）存在问题

土地储备机制的核心是为了获取轨道交通带来的外部效益，即土地增值收益。但就我国目前的土地储备机制来看，项目主体仅获得了土地的一级开发权，并未获得土地的二级开发权，即不一定拥有物业开发的长期收益。根据《中华人民共和国物权法》第一百三十七条的规定，“工业、商业、旅游、娱乐和商品住宅等经营性用地以及同一土地有两个以上意向用地者的，应当采取招标、拍卖等公开竞价的方式出让”，因此，轨道交通公司无法确保自身获得二级开发权。在土地储备成本方面，政府以往控制储备成本的做法与轨道交通建设单位对储备成本的放松约束相矛盾（孙峻 等，2017）。在项目建设中，轨道交通沿线的土地储备仅停留在站点层面，不是整体线路储备，存在储备用地分散、不成系统，整体收益遭到破坏的问题，以及即便满足线路层面的土地储备要求，但在开发建设中将远期储备用地先行开发，造成资金回笼所需时间较长的问题。

（2）解决建议

对应上述问题提出以下建议。

建议完善土地储备机制的支持制度，或建立新的建设机制以解决轨道交通公司获取二级开发收益与《中华人民共和国物权法》之间的矛盾（不是绝对矛盾，但可以进行优化），确保轨道交通项目尽可能多地获得土地增值收益来支持项目建设。政府应当制定有效的奖惩机制，施行轨道交通建设单位与土地储备成本的利益联动，以便更好地实现资金回笼。在项目建设实施中，要统筹考虑，整体施工。明确收益还贷的具体分配方式，防止利益冲突；注重轨道交通建设单位、土地储备机构与政府三方的相互配合，各司其职，力求做到事半功倍。

## 5.3 投融资机制

轨道交通建设具有正外部性，能够与周围土地利用相互带动、共同发展，实现两者的双赢。轨道交通的建设，能够在一定程度上提高周边地区的可达性，促进周围土地价值的提升，进而带动枢纽周边乃至轨道沿线地区商业、房地产等其他行业的迅猛发展；这种发展又为轨道交通提供了大量的人流，增加了轨道交通建设的后期盈利。该过程所获得的后期盈利以及土地增值收益均可纳入轨道交通的项目建设中，以增加轨道交通企业的融资能力。

### 5.3.1 投融资主体构成

按照一体化开发阶段的不同，可将投融资的参与主体分为投资主体和运营主体。投资主体是指在项目建设时期进行资本投入、同时承担项目开发风险的主体；运营主体是指项目建成后负责轨道交通日常运营，并提供轨道交通客运服务、车辆及设备设施维修服务、咨询培训服务及广告等商业和服务的主体。综合分析国内外各大城市的投融资做法，其投资主体和运营主体主要分为3种类型：企业主体、政府主体和政企合作主体。

### 5.3.2 投融资机制案例

#### 1. 日本东京

东京的轨道交通建设有多个参与主体，包括私人企业，东京政府以及私人与企业合作的第三部门等。项目建设的主要资金来源于政府补贴，根据体制差异金额数量有所不同，其中公营地铁项目要比私营地铁项目获得的政府补助金额高。

东京轨道交通共32家运营商，其中最大的当属JR东日本（前身为日本国铁，后实现民营化改革，目前为民营企业），除此之外还有28家私营的铁路运营商和3家地铁运营商，包括东京地铁、横滨都营地铁和东京都都营地铁。为确保轨道交通的正常运营，东京铁路通过对轨道站点周边土地进行综合开发，以获取后期的广告及物业费用，配合日常运营收入来支持铁路建设，实现多元化融资。

#### 2. 新加坡

新加坡采用的是政府规划、投资和建设，运营公司负责运营的模式，具有政府与运营商权责清晰的优点。轨道交通建设中的资金筹集由陆路交通管理局负责，主要来源于政府的财政拨款。待项目建成后通过特许经营的方式交由运营公司进行运营，运营公司在特许经营期内向政府支付使用路网设施的牌照费，并按规定回购资产（其中轨道车站等资产仍归陆路交通管理局所有），特许经营期过后，将资产转移交给政府。在此期间，运营公司自行承担运营过程中的盈利和亏损，做到盈亏自负。政府通过对运营服务进行严格监管，并制定相应的奖惩措施，诸如取消特许经营权等；同时通过对运营公司的资产回购来回收部分投资。基于上述运作模式，外加新加坡的自身规模条件、人均收入水平等因素，这种模式能够沿用至今。

3. 中国香港

香港的轨道交通核心是“轨道＋物业”的一体化开发模式。香港特别行政区政府会予以新建线路场站及沿线土地物业发展权、票价定制权等政策支持，尽可能实现利益最大化。香港地铁公司负责项目的投资、建设和运营环节，并在轨道交通项目的规划过程中，与政府商讨相关土地运作细则，诸如土地收储、增加建设容积率、实施地下开发等内容，确保建设与物业开发的有机结合。同时，在轨道站点建设阶段，通过上盖物业与开发商合作，联合开发房地产项目。在这一过程中，港铁公司不承担建设风险和费用，只负责监管及担任开发商与政府之间协调沟通的纽带，并通过协议获得不同比例的利润分成和稳定的租金收入，实现一、二级联动开发。

根据香港轨道发展经历的三个阶段，目前其建设资金可归纳为：政府注入的股本资金（1/4～1/3）、运营收入（包括票价收入、停车收入、广告收入、物业收入等）、借贷（主要为贷款和票据）、通过上市获得的民营企业资本金四种形式。在运作过程中，香港地铁公司尽可能减少或无须政府投资补贴，仅通过物业租赁、物业管理、车站运营经营等其他业务获取利润，能够有效地缓解政府的财政压力，同时成为轨道交通一体化开发中少有的营利性公司。

4. 中国深圳

作为近些年我国轨道交通实践的重要试点城市，深圳轨道交通投融资机制具有多样性的特点。

（1）深圳地铁4号线

不同于深圳地铁 1 号线工程的“政府主导”模式，深圳地铁4号线二期工程创新投融资模式，采用BDOT模式（也有部分文章将其归为BOT模式）。该模式表现为“建设——开发——经营——移交”的发展进程，在建设过程中兼顾轨道交通周边土地和物业的开发与利用。深圳地铁4号线的项目公司是由港铁公司在深圳建立的，拥有自4号线二期工程通车日起的30年特许经营期，负责这段时间内4号线的全线运营及290万$m^2$的物业开发。同时，可在项目建设和经营期间享有自主经营的权益，但同样需要承担盈亏自负的风险，其中轨道交通枢纽站点及轨道沿线周边土地一体化开发所得收益（包括土地一级开发和特定土地二级开发收益）用于补偿项目投资和后期亏损。在特许经营期结束后将该项目的经营权无偿移交给深圳市政府。

（2）深圳红树湾项目

深圳红树湾项目采用“协议合作+BT（Build-Transfer）融资建设”的开发模式，是目前最接近港铁模式的一种创新形式。关于BT模式，深圳市政府于2011年2月16日研究决定，在“深圳市地铁5号线 BT 项目建设管理办公室”基础上设立深圳市轨道交通BT项目领导小组办公室，并将办公室设在市住房建设局。

在深圳红树湾项目开发中，中国铁建股份有限公司作为BT方负责总承包履约和70%的融资，建成后移交给深圳铁路集团有限公司和万科集团，万科能够获得49%的收益权（另外51%属于深铁），并将收益权对价先期支付给地铁公司。中铁建作为建设方，提前捆绑进行招标，具有效率高、能够很快对项目进行建设、规避建设风险及解决大部分融资问题的优势。

### 5.3.3 我国投融资政策现状

目前我国尚没有专门出台针对轨道交通上盖物业以及轨道周边用地一体化开发的相关投融资政策。本节对我国国家层面和地方层面与轨道交通建设投融资相关的政策内容进行了整理和归纳，见表5-9，表5-10。

我国国家层面轨道交通投融资政策　　表5-9

| 发文机关 | 标题 | 投融资相关内容 |
|---|---|---|
| 国务院 | 《国务院关于城市优先发展公共交通的指导意见》（国发〔2012〕64号） | 推进公共交通投融资体制改革，进一步发挥市场机制的作用。支持公共交通企业利用优质存量资产，通过特许经营、战略投资、信托投资、股权融资等多种形式，吸引和鼓励社会资金参与公共交通基础设施建设和运营，在市场准入标准和优惠扶持政策方面，对各类投资主体同等对待。公共交通企业可以开展与运输服务主业相关的其他经营业务，改善企业财务状况，增强市场融资能力。要加强银企合作，创新金融服务，为城市公共交通发展提供优质、低成本的融资服务 |
| 国务院 | 《关于改革铁路投融资体制加快推进铁路建设的意见》（国发〔2013〕33号） | 推进铁路投融资体制改革，多方式多渠道筹集建设资金。按照“统筹规划、多元投资、市场运作、政策配套”的基本思路，对新建铁路实行分类投资建设。同时研究设立主要应用于投资国家规定的项目铁路发展基金，以中央财政性资金为引导，吸引社会法人投入，社会法人不直接参与铁路建设、经营，但保证其获取稳定合理回报。“十二五”后三年，继续发行政府支持的铁路建设债券，并创新铁路债券发行品种和方式 |
| 国务院 | 《国务院关于加强城市基础设施建设的意见》（国发〔2013〕36号） | 推进投融资体制和运营机制改革。政府应集中财力建设非经营性基础设施项目，要通过特许经营、投资补助、政府购买服务等多种形式，吸引包括民间资本在内的社会资金，参与投资、建设和运营有合理回报或一定投资回收能力的可经营性城市基础设施项目，在市场准入和扶持政策方面对各类投资主体同等对待。创新基础设施投资项目的运营管理方式，实行投资、建设、运营和监管分开，形成权责明确、制约有效、管理专业的市场化管理体制和运行机制。研究出台配套财政扶持政策，落实税收优惠政策，支持城市基础设施投融资体制改革 |

续表

| 发文机关 | 标题 | 投融资相关内容 |
|---|---|---|
| 国务院办公厅 | 《国务院办公厅关于支持铁路建设实施土地综合开发的意见》(国办发〔2014〕37号) | 促进铁路运输企业盘活各类现有土地资源。经国家授权经营的土地，铁路运输企业在使用年限内可依法作价出资(入股)、租赁或在集团公司直属企业、控股公司、参股企业之间转让 |
| 国务院 | 《关于创新重点领域投融资机制鼓励社会投资的指导意》(国发〔2014〕60号) | 积极推动社会资本参与市政基础设施建设运营。通过特许经营、投资补助、政府购买服务等多种方式，鼓励社会资本投资公共交通等市政基础设施项目。同时，政府可采用委托经营或转让——经营——转让(TOT)等方式，将已经建成的市政基础设施项目转交给社会资本运营管理；加快推进铁路投融资体制改革。用好铁路发展基金平台，吸引社会资本参与，扩大基金规模。充分利用铁路土地综合开发政策，以开发收益支持铁路发展；建立健全政府和社会资本合作(PPP)机制，政府有关部门要严格按照预算管理有关法律法规，完善财政补贴制度，切实控制和防范财政风险；最后，创新融资方式拓宽融资渠道，充分调动社会投资积极性，切实发挥好投资对经济增长的关键作用 |
| 国务院办公厅 | 《国务院办公厅关于进一步加强城市轨道交通规划建设管理的意见》(国办发〔2018〕52号) | 除城市轨道交通建设规划中明确采用特许经营模式的项目外，项目总投资中财政资金投入不得低于40%，严禁以各类债务资金作为项目资本金。支持各地区依法依规深化投融资体制改革，积极吸引民间投资参与城市轨道交通项目，鼓励开展多元化经营，加大站场综合开发力度。规范开展城市轨道交通领域政府和社会资本合作(PPP)，通过多种方式盘活存量资产。研究利用可计入权益的可续期债券、项目收益债券等创新形式推进城市轨道交通项目市场化融资，开展符合条件的运营期项目资产证券化可行性研究。<br>进一步加大财政约束力度，按照严控债务增量、有序化解债务存量的要求，严格防范城市政府因城市轨道交通建设新增地方政府债务风险，严禁通过融资平台公司或以PPP等名义违规变相举债 |

我国部分城市的轨道交通投融资政策　　表5-10

| 城市 | 发文机关 | 标题 | 投融资相关内容 |
|---|---|---|---|
| 北京 | 北京市人民政府办公厅 | 《北京市人民政府关于创新重点领域投融资机制鼓励社会投资的实施意见》(京政发〔2015〕14号) | 创新信贷服务，支持开展收费权、特许经营权、政府购买服务协议预期收益、集体土地承包经营权质押贷款等担保创新类贷款业务。<br>支持重点领域建设项目开展股权和债权融资。<br>实行“主体运营＋经营性配套资源＋特许经营权”的整体投资运营模式 |
| 上海 | 上海市发展和改革委员会、上海市规划和国土资源管理局 | 《关于推进本市轨道交通场站及周边土地综合开发利用的实施意见》(沪府办〔2016〕79号) | 轨道交通场站综合建设用地开发，涉及地下经营性部分，地价按照本市相关规定收取。轨道交通场站建设用地成本和耕地占补平衡等相关费用，以及经营性“上盖”建设成本，纳入综合开发土地成本<br>轨道交通场站及周边土地的综合开发利用收益用于支持轨道交通可持续发展。轨道交通建设主体所得的综合开发利用收益，优先用于轨道交通建设和运营维护 |
|  | 上海市人民政府办公厅 | 《上海市人民政府办公厅关于本市保障轨道交通安全运行的实施意见》(沪府办发〔2019〕10号) | 市发展改革、规划资源、交通、财政、国资等部门要会同轨道交通企业，在制定颁布轨道交通成本规制的基础上，研究建立轨道交通健康有序发展长效机制，科学确定财政补贴额度。完善轨道交通电价和税费等优惠政策，合理降低轨道交通运营企业的成本负担。通过增收降本等综合措施，实现运营资金平衡，确保轨道交通运行安全可持续 |

续表

| 城市 | 发文机关 | 标题 | 投融资相关内容 |
|---|---|---|---|
| 广州 | 广东省人民政府办公厅 | 《关于保障我市城市轨道交通企业可持续发展和创新新一轮线网投融资机制的工作意见》（穗府办函〔2017〕45号） | 研究新线建设按线路项目成立项目公司，以项目公司为主体，制定每条新建线路投融资方案，综合运用政府和社会资本合作、线路建设与站点枢纽投资开发一体化、优化建设和设备采购安装组织方式等多种模式 |
| | 广东省人民政府办公厅 | 《关于支持铁路建设推进土地综合开发若干政策措施》（粤府办〔2018〕36号） | 加大对符合条件的政府和社会资本合作（PPP）项目的信贷支持力度，为项目提供长期、稳定、低成本的资金支持。<br>支持土地综合开发收益用于铁路项目建设和运营。土地出让收入扣除土地收储等必要的成本和国家、省规定的刚性计提后，其余可用于铁路项目建设和运营。以“铁路项目＋土地开发”模式建设的铁路项目，可由出让土地获得收入的沿线地级以上市人民政府按照收支两条线的要求，根据与项目建设投资主体签订的综合开发协议约定，从土地综合开发收益中安排专项补助资金拨付项目公司，提高铁路项目资金筹集能力和收益水平 |

### 5.3.4 投融资机制建议

（1）在投融资政策上，制定更灵活的互动政策，如税收返还、相关产业补助、保障政策、奖励等。

（2）采用多样化、复合型的投融资模式，如“PPP＋ABS”这种“X＋X”的模式。综合多种模式的优势，取长补短，拓宽融资渠道。

（3）在项目进行中，注重对合作伙伴的选择。在选择项目合作者时，要在项目初期就进行确定，以保证他们能参与项目建设的全部环节，以便提出相关诉求和意见，进行问题商讨。同时，可以更多地考虑与专业的、成熟的开发商和运营商合作。

（4）在项目建设前充分了解土地情况，避免经济亏损。在进行轨道交通建设前，要对轨道交通沿线土地进行“摸底”和市场评估，特别是周边的土地权属问题，并据此确定开发层级（一级开发、二级开发、近期开发、远期开发等），以便更好地明确投融资的资金去向及时间安排。

（5）对于不同项目选择适于自身的投融资模式。以港铁模式为例，该模式更适用于一线城市这种人流量较大、土地价值较高的地区，而对于二、三线城市则并不完全适用。因此，应根据项目所在城市等级、周围环境等进行合理评估，选择符合项目的投融资模式。

（6）提升运营管理在轨道交通项目中的地位。我国轨道交通存在“重建设、轻运营”的情况，但运营收益往往也是融资金额的一个来源，操作得当能够成为一个很大的助力。

# 第6章　轨道交通枢纽物业开发模式及业态构成比例

轨道交通建设的快速发展和城市集约化开发促使枢纽功能从单一型转向综合型，其物业开发对城市空间形态营造和区域活力提升具有一定影响力。轨道交通枢纽物业开发体现了交通与周边土地利用的良好互动关系，符合城市可持续发展的需求。本章从上盖物业开发模式、地下商业街开发模式、综合立体化开发模式和水平开发模式的内涵出发，结合日本相关案例，梳理各轨道交通枢纽物业开发模式、业态开发种类和开发面积，研究在不同物业开发模式下的业态构成及开发比例，为我国轨道交通枢纽物业开发及业态配比提供一定参考，提升综合配套和物业保障能力。

## 6.1　物业开发模式及其内涵

上盖物业开发模式，指轨道线路途经区域上方或周边用地的综合开发，利用步行交通将枢纽与上盖物业相联系，实现交通与其他功能的良好互动（刘佳 等，2015），形成城市综合体。应用较为普遍的包括枢纽上盖开发和车辆段上盖开发。因土地所有权、轨道运营管理等问题，日本没有真正意义上的车辆段上盖开发，但众多案例可作为该物业开发模式的借鉴（北田静男 等，2020），如六本木新城、二子玉川RISE等。

地下商业街开发模式。日本地下街最初是为解决交通问题，用于交通通行、地下停车场，后逐渐加入市政设施、商业设施、公共空间设计等，形成地下综合体，并逐渐突出其商业功能（童林旭，1988；郭磊，2016）。

综合立体化开发模式，是以轨道交通枢纽为核心，地上、地下空间的综合立体化开发（刘佳 等，2015；韩凝春，2007），形成集交通、商业、休闲娱乐、办公、酒店、医疗等多功能混合的综合体。

水平开发模式，指对客流量较大的火车站、高铁站等周边用地较大规模的综合性开发，功能高度混合，站厅一般作为城市地标单独设置（王晶 等，2015）。

## 6.2 不同开发模式下的物业业态构成

日本轨道交通枢纽注重综合性物业开发，以商业、办公、酒店、公寓或住宅等业态开发为主，配套文化、教育、医疗等设施。枢纽上盖物业开发、地下商业街开发以及综合立体化开发一般以商业或办公业态开发为主，在枢纽地区形成商业或商办中心；枢纽车辆段上盖开发和水平开发模式一般以办公、住宅、商业业态开发为主，形成商住中心。

### 6.2.1 上盖物业开发模式

上盖物业开发模式的业态构成范围较广，但主要为商业、办公、酒店、住宅业态开发，尤其是商业与办公业态（图6-1）。世田谷商业广场、日吉站大楼为单纯商业业态开发；二子玉川RISE、JR东急目黑站、六本木新城等则以商业或办公业态开发为主。部分上盖开发涉及剧场、影院等文化休闲业态，如京都站上盖开发、六本木新城等；少数上盖开发涉及医疗、康养等业态，如大冈山地铁站上盖。

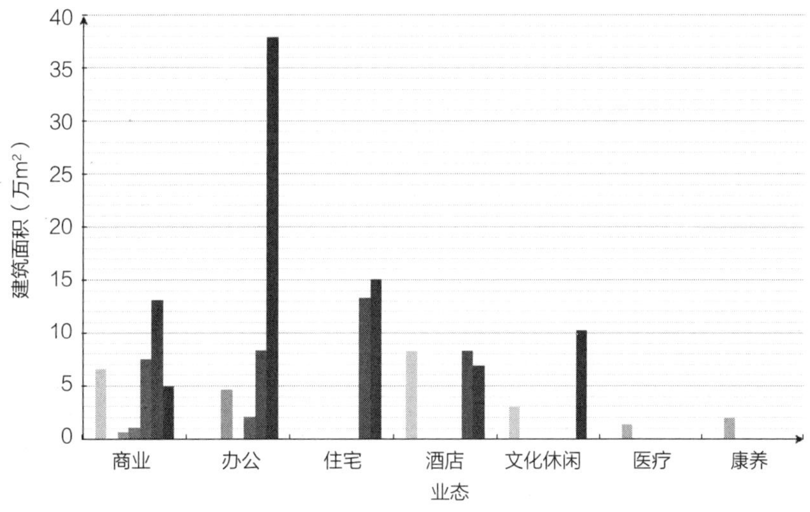


图6-1 上盖物业开发模式主要业态构成

### 1. 枢纽上盖物业开发

以京都站上盖物业开发为例。

京都火车站是日本京阪神地区的客流中心，占地约3.8万m²，总建筑面积约23.8万m²。该枢纽上盖综合体充分结合了商业、酒店、文化休闲等多种业态（见图6-1）。其商业体系由高端消费商业、小资品牌以及地下街中低端零售、餐饮等三大体系构成，满足各类人群需求（韩建丽，2016）。

该综合体由站厅、东楼、西楼三部分构成。东楼主要承担商业（包括零售、餐饮等）、酒店、文化休闲等功能，如专卖店、地下街、京都格兰比亚大酒店（二到十五层）、京都剧场及配套餐厅等（图6-2）。西楼以商业、休闲为主，辅以部分文化业态。其商业业态主要为零售（地下二层到地上十一层）和餐饮（第十一层），七层设现代美术馆以体现其文化功能。

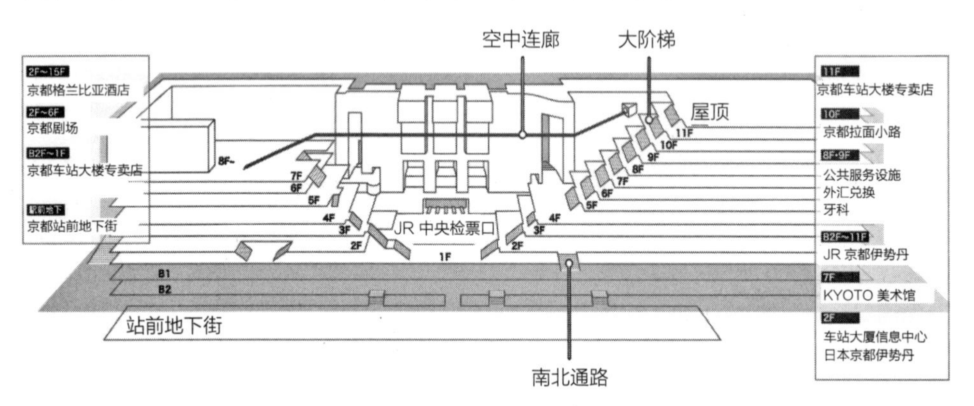


图6-2 日本京都站楼层分布图

底图来源：http://kyoto-station-building.co.jp/floorguide/

### 2. 车辆段上盖物业开发

（1）日本六本木新城

六本木新城（Hills）位于日本东京地铁日比谷线六本木站西南，处于城市核心地带，占地约11hm²，总建筑面积约为76万m²。以轨道为节点，实现站城融合，成为东京新的文化中心。

该上盖开发是以办公楼森大厦（Mori Tower）为中心，集办公、住宅、商业、文化（包括豪华影院和广播电视中心）、酒店为一体的超大型城市综合体。以办公业态开发面积最大，约38万m²，商业业态开发面积最小，约4.9万m²。其商业业态包括零售、餐饮、娱乐和服务（ATM、邮局等设施），一般布置在地下，或者地上一层到六层，以吸引换乘人流和周边人群。其他业态则布置在中上层或独栋设置，如文化、办公、住宅等（图6-3）。

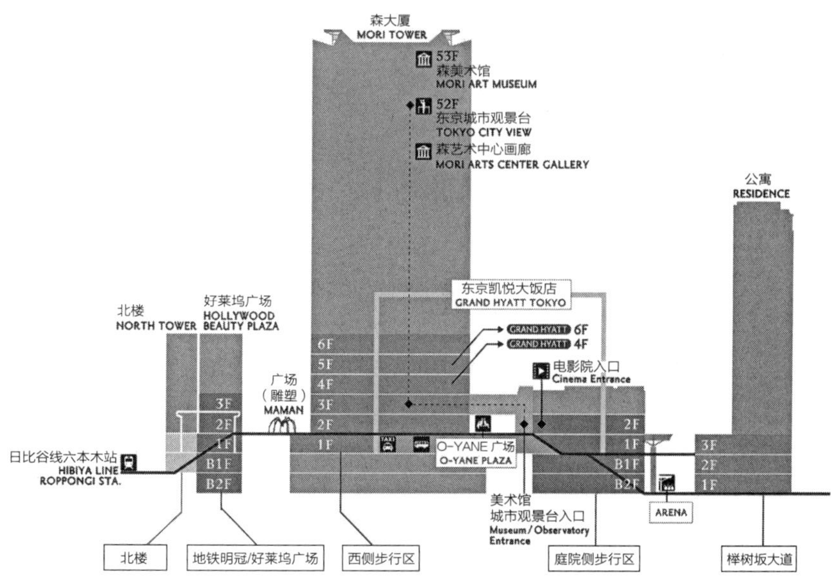


图6-3　六本木新城楼层示意图

底图来源：https://www.roppongihills.com/zh-CHS/floor_map

## 6.2.2　地下商业街开发模式

日本地下街以中小型零售商店和中低档餐饮店等商业业态开发为主，通常还设有医疗诊所、咨询室等咨询服务设施（图6-4），且均设置在地下一层，其他楼层作为交通或设备层。地下街对城市商业起到丰富和补充作用，完善枢纽周边服务设施网络。

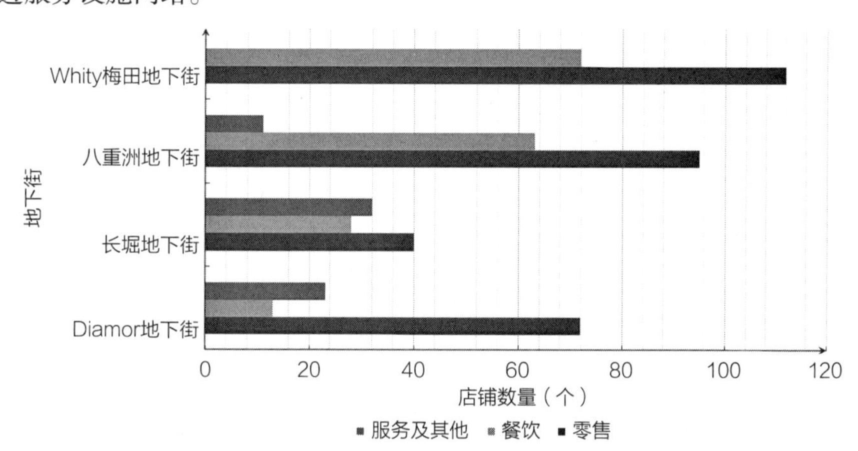


图6-4　地下商业街开发模式主要业态构成

资料来源：https://whity.osaka-chikagai.jp/common/images/floor.pdf

### 1. 日本大阪Diamor地下街

大阪最早建设了完整规模的地下街，是目前拥有最大规模地下街的城市（郭磊，2016）。Diamor地下街位于大阪市北区梅田1丁目大阪站前，东与

Whity梅田地下街、东梅田站，西与西梅田车站，南与JR北新地车站，北与阪神百货相连接（图6–5），属于高档地下商业街，是集交通、商业等功能于一体的2层地下综合体。商业设施位于地下一层，共有108家商店，以零售业态为主，其他服务咨询设施零散分布于地下街（图6–6）。

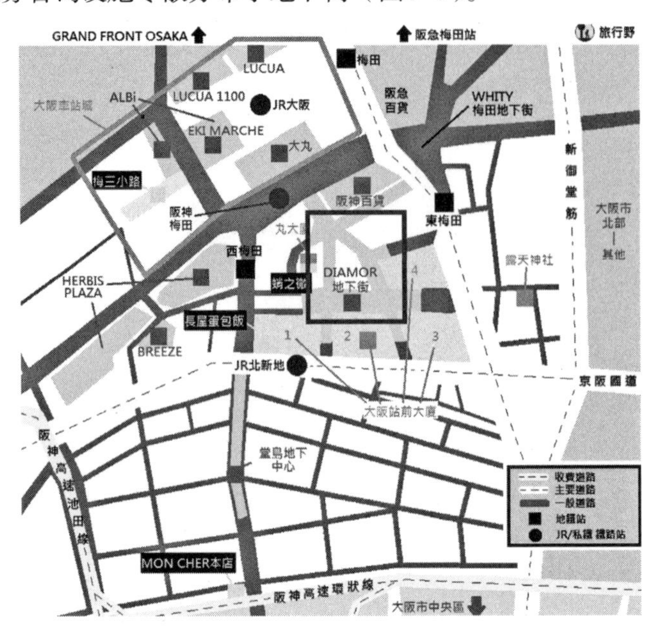


图6–5　日本Diamor地下街周边建设情况

底图来源：https://www.diamor.jp/

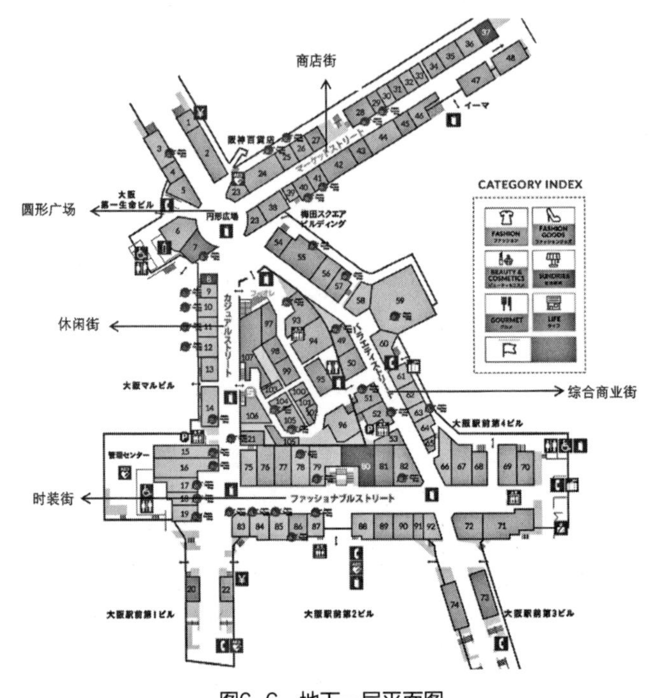


图6–6　地下一层平面图

底图来源：https://www.diamor.jp/

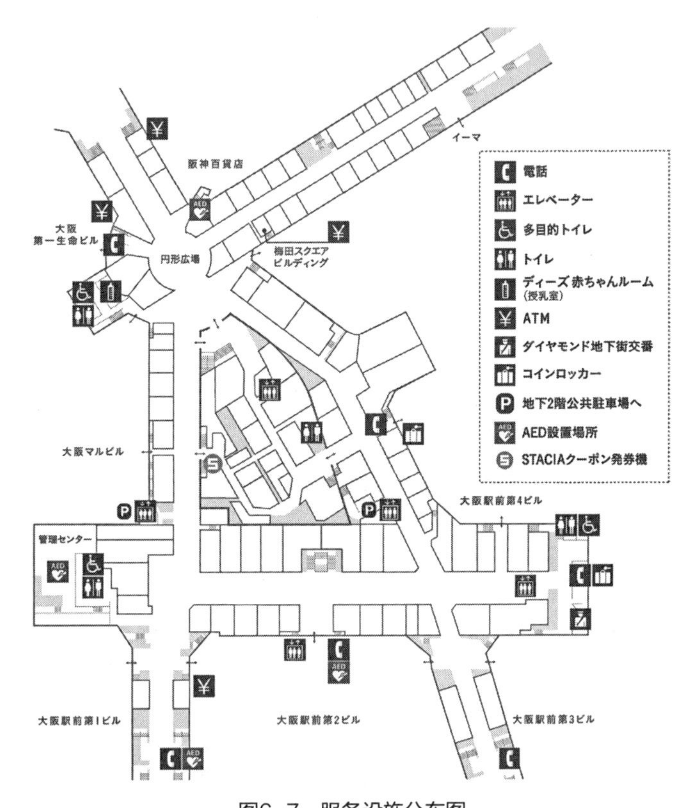


图6-7　服务设施分布图

图片来源：https://www.diamor.jp/

## 2. 日本长堀地下街

长堀地下街是日本最宽的地下街，位于堺筋到四桥筋之间，有多条地铁线路经过，连接了Osaka Metro四桥站、心斋桥站、长堀桥站。该步行街全场730m，其地下一层为步行商业街，地下二至四层为停车场。大量的交通人流在此处会集，形成各类商业消费需求。该商业街由西区、时尚区、多样区、美食区4区构成，以女性流行服饰为中心，同时设置商品零售、美食餐饮等约100家店铺，以餐饮业态为主。

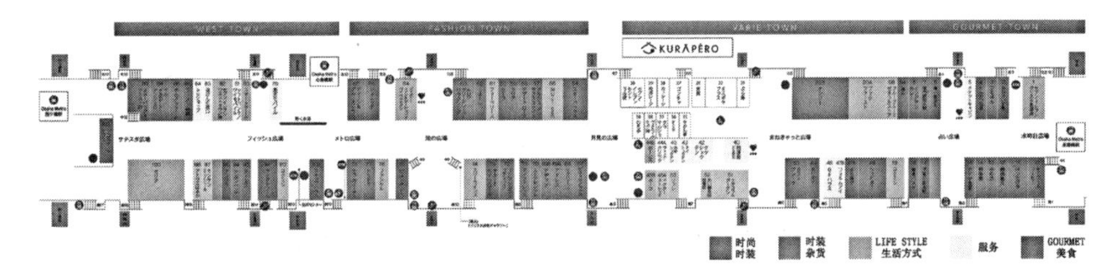


图6-8　日本长堀地下街平面图

图片来源：https://www.crystaweb.jp/crstnews/

## 3. 日本东京站八重洲地下商业街

东京车站城共有11条地下商业街，其中，八重洲地下商业街是东京最大的地下购物中心，以通勤生活综合馆和免税店经营为主，其地下一层和地下二层商业共1.8万m²。八重洲地下街共有169个店铺，零售业态占比较高，包括一般的服饰零售店和免税零售店，单店面积较小。八重洲地下街设有服务店铺例如外币兑换、银行、邮局、照相馆等，并设有投币式储物柜、问讯处、口译服务等多种服务设施（中商数据，2018）。

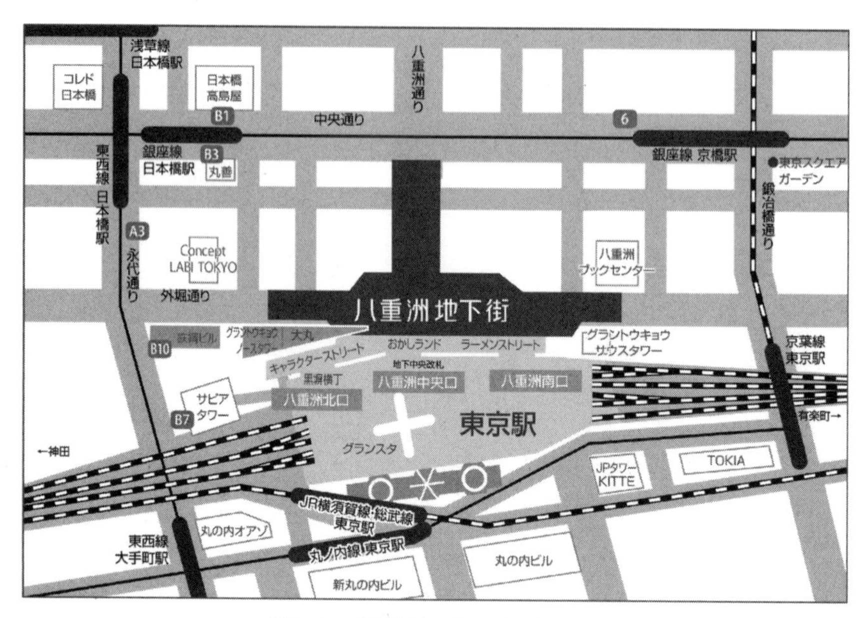


图6-9 八重洲地下街周边用地情况

图片来源：https://www.yaechika.com/

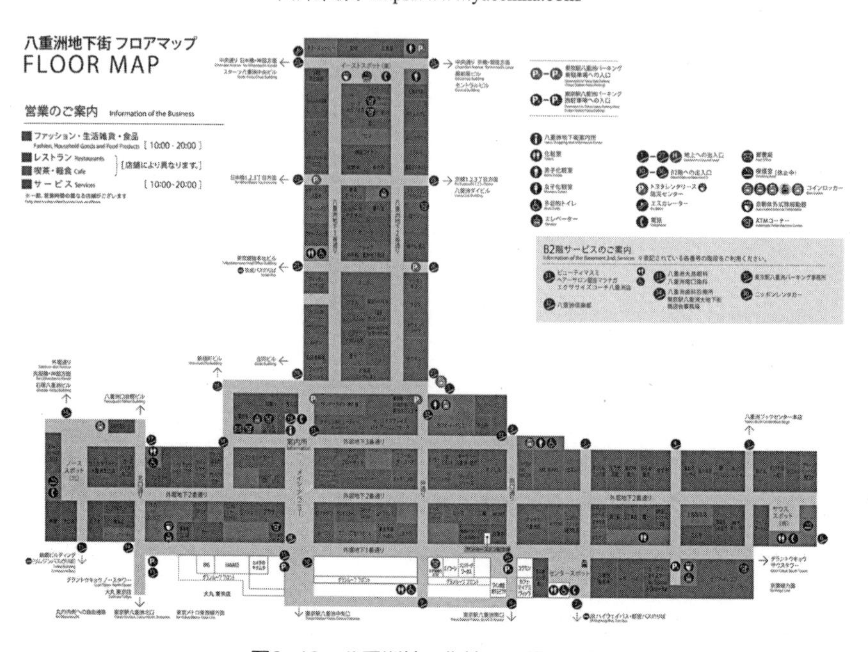


图6-10 八重洲地下街地下一层平面图

图片来源：https://www.yaechika.com/

### 6.2.3 综合立体化开发模式

综合立体化开发模式以办公、商业、文化、酒店等业态开发为主，尤其是商业或办公业态，且注重公共空间营造，如涩谷·未来之光。部分项目涉及政府部门规划，距池袋站600m的丰岛区政府办公楼及住宅综合体、国分寺站站前综合体等是集住、官、商、办公等于一体的再开发项目，重点突出住宅和政府部门两种设施（图6–11）。

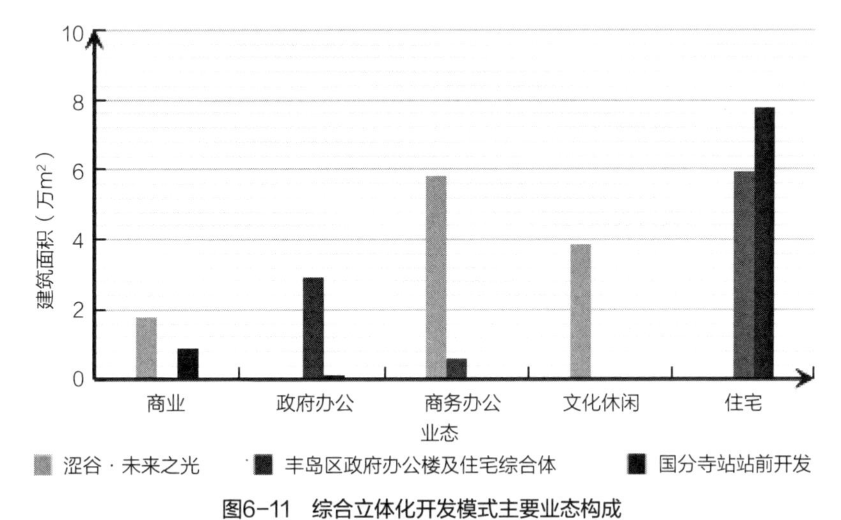


**图6–11　综合立体化开发模式主要业态构成**

#### 1. 日本涩谷·未来之光

涩谷站位于日本东京都涩谷区，其地上、地下共8条轨道，未来之光属于涩谷站的一期开发工程。该综合体地上共34层，地下4层，主要业态为商业、文化、办公等。地下三层到地上七层设商业店铺，其中六层和七层为餐饮；八到十六层是文化与休闲空间，包括创意空间、多功能展览空间、剧场及大厅、空中大堂等；十七层到三十四层为办公空间。综合体内的交通核（Urban Core）位于建筑中交通最方便、人流最密集的区域，并将其用作公共空间，便于站内换乘，保障商铺、剧院的客流量和正常运转（吴春花 等，2015）（图6–12）。

#### 2. 日本丰岛区复合再开发项目

丰岛区政府办公楼及住宅综合体位于东京都丰岛区南池袋2–45号，距池袋站仅600m，总建筑面积94681.84m²。该综合体包括地下2层，B2是地铁站换乘通道，B1包括汽车和摩托车停车场；地上49层，其中一层至十层是区政府办公楼，一层和二层除了公共空间和部分停车位外均为私人店铺和办公空间，三层至九层为政府办公，十层为抗震、设备层以及公共空间，十一层至四十九层为住宅（共432户，其中原地居民110户）（沙永杰 等，2017）（图6–13）。

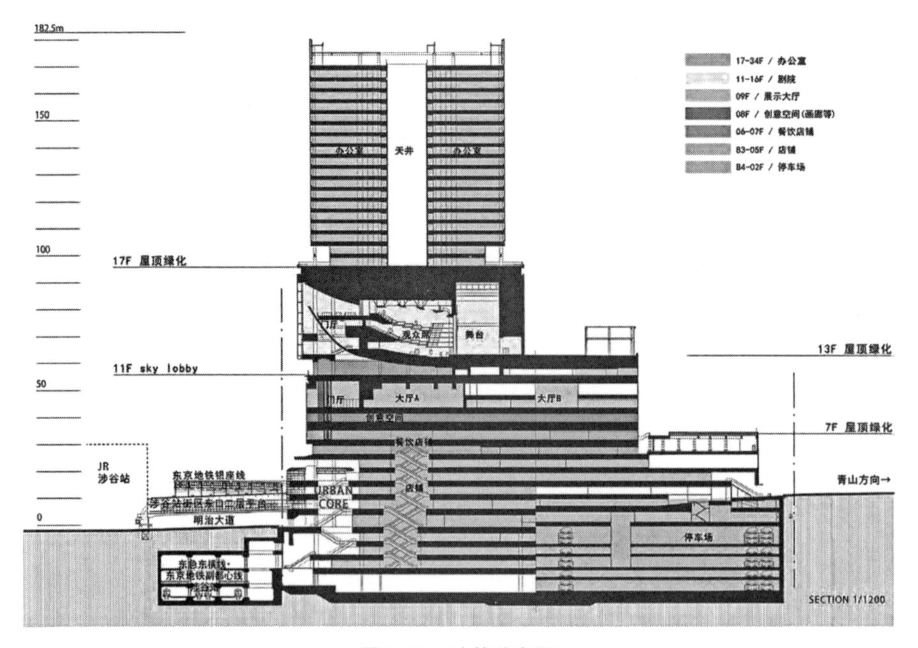


图6-12　功能分布图

图片来源：吴春花 等，2015

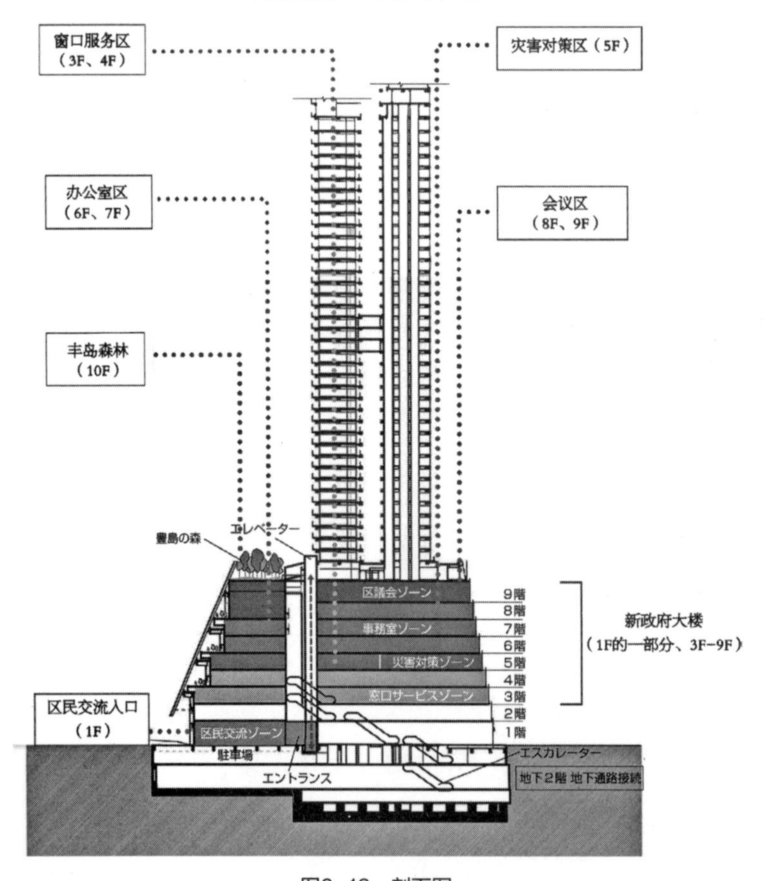


图6-13　剖面图

图片来源：https://www.city.toshima.lg.jp/064/shinchosha/documents/chosya2-3_1.pdf

### 3. 日本国分寺站站前大规模复合再开发

该站前综合体位于日本东京都国分寺市本町二丁目，在距JR中央线国分寺站1min的步行距离处（约10m），是集住、商、官一体的复合再开发项目。该综合体包括地上36层、地下3层的西侧大楼（总占地面积为5460.54m²）和地上35层、地下2层的东侧大楼（总占地面积为3043.68m²），可居住总户数为584户（西侧大楼300户，东侧大楼284户），总高度达135m（住友不动产株式会社，2016）。

西侧大楼地下一层至地上四层为商业，五层为公益性服务设施，比如政府服务便民点、公民馆等，六层至三十六层为住宅；东侧大楼地下一层至三层为商业，五层至三十五层为住宅（图6–14）。

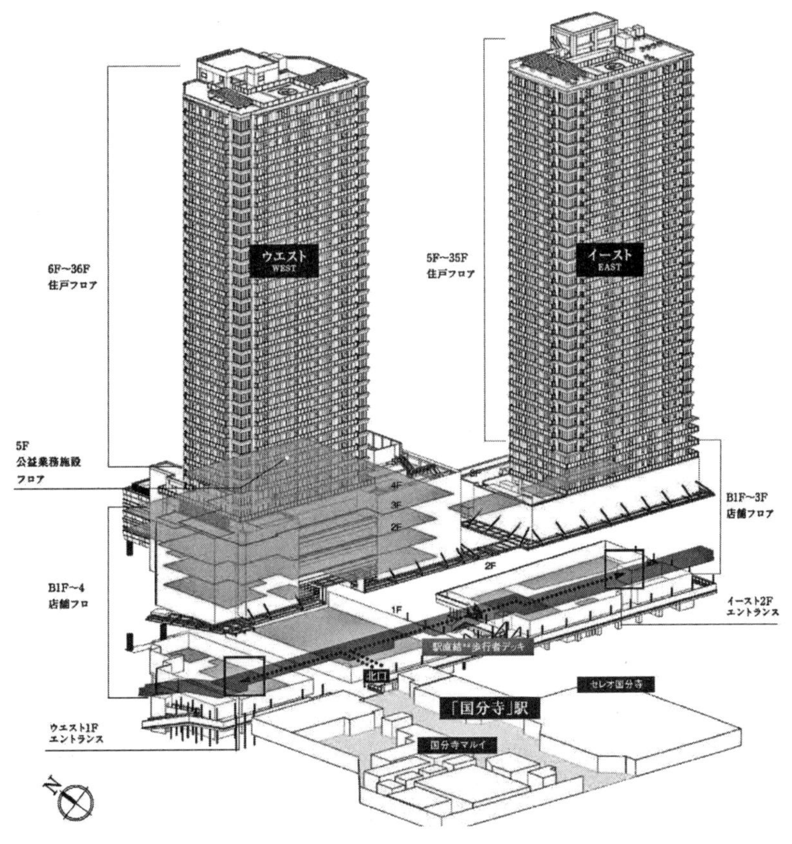


图6–14　楼层图

图片来源：住友不动产株式会，2016

## 6.2.4　水平开发模式

水平开发模式的开发规模较大，业态综合性较高，包括商业、办公、居住、文化休闲、教育、医疗等（图6–15）。涩谷站再开发以商业、办公业态为主。大阪站及梅北地区再开发综合了商业、办公、文化休闲、教育与研发、居住、酒店、医疗等多种业态，以商业、办公、住宅业态开发为主；该区域周边设有大阪鹤野町邮政局、大阪市北区办事处、北方税务局等政府办公机构，提高服务便利性。

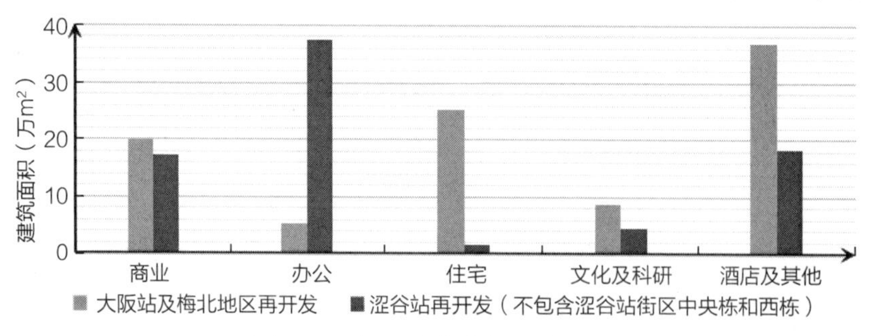


图6-15　水平开发模式主要业态构成

日本大阪站及梅北地区水平开发，包括JR大阪站地区再开发和大阪站北侧的梅北地区再开发，属于大阪站及其周边水平开发的一部分。上述两个开发区域与南侧的钻石地区（JR大阪站南部地区），西侧的西梅田地区，以及东侧的阪急梅田站·茶屋町地区共同组成“关西创新国际战略综合特区”（图6-16），集中了JR、私营铁路（阪急梅田站）、地铁（地铁东梅田站、地铁西梅田站）等7个车站[①]。以JR大阪站地区及梅北地区再开发为例。

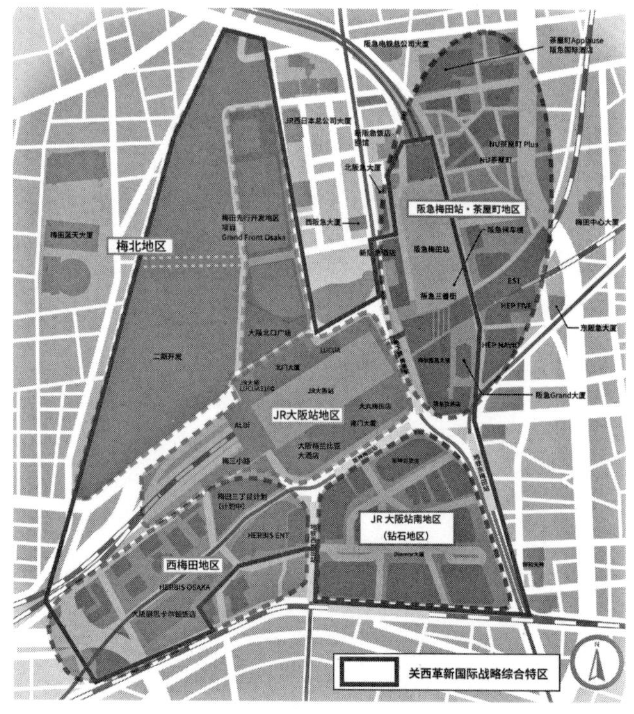


图6-16　关西创新国际战略综合特区

图片来源：INVEST OSAKA-大阪投资指南（P8），2019

① https://www.investosaka.jp/cn/

### 1. JR大阪站地区——大阪车站城

大阪车站城是西日本最大的复合商业设施，集商业、办公、酒店、医疗等于一体，总建筑面积35.4万$m^2$。结合JR大阪站，分别在车站南北两侧建设南门大厦和北门大厦，在车站西侧与北门大厦直接相连建设立体停车（图6–17）。

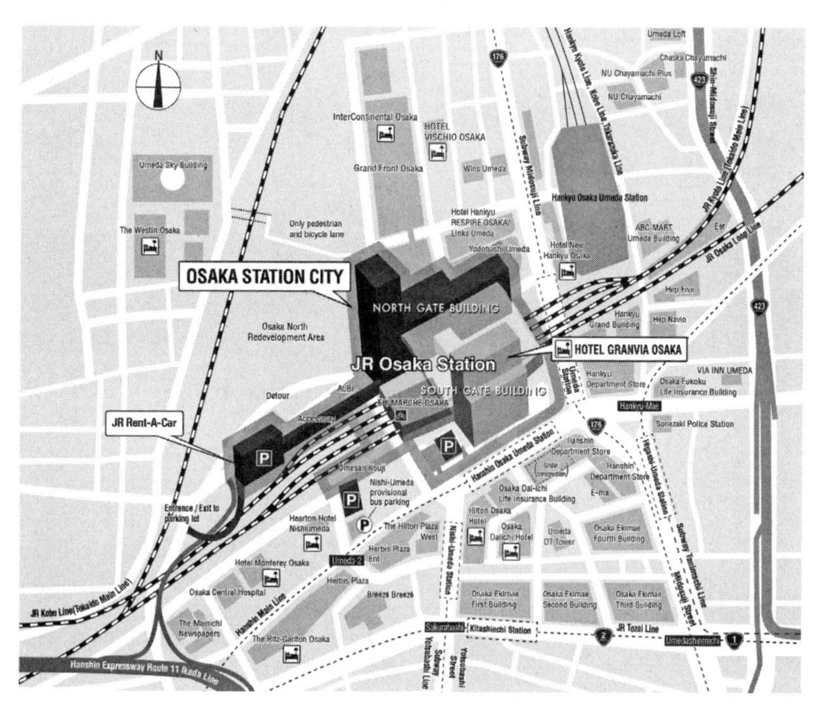


图6–17　建设范围

图片来源：https://osakastationcity.com/en/

各功能业态分布在南门大厦、北门大厦以及车站区域（图6–18、图6–19），南门大厦以商业、酒店业态开发为主；北门大厦以商业、办公业态开发为主；车站区域除交通功能外，配套零售、餐饮等商业业态。

### 2. 梅北地区

梅北地区曾是梅田货运站，都市再开发背景下，将工业用地转化为复合型用地，综合商业、办公、娱乐、教育与研发、居住等业态，包括先行开发区域大阪站前综合体（Grand Front Osaka）和梅北2期（图6–20、图6–21）。

（1）大阪站前综合体

大阪站前综合体占地面积7hm$^2$，由梅北广场、北楼、南楼和公寓四部分构成，是集商业、办公、酒店、公寓、文化休闲、科研等为一体的复合型设施。梅北广场以商业业态开发为主；北楼和南楼共3栋建筑A座、B座、C座，综合商业、办公、酒店、科研、文化休闲等业态。另建有33层公寓，总建筑面积73800$m^2$（图6–22）。

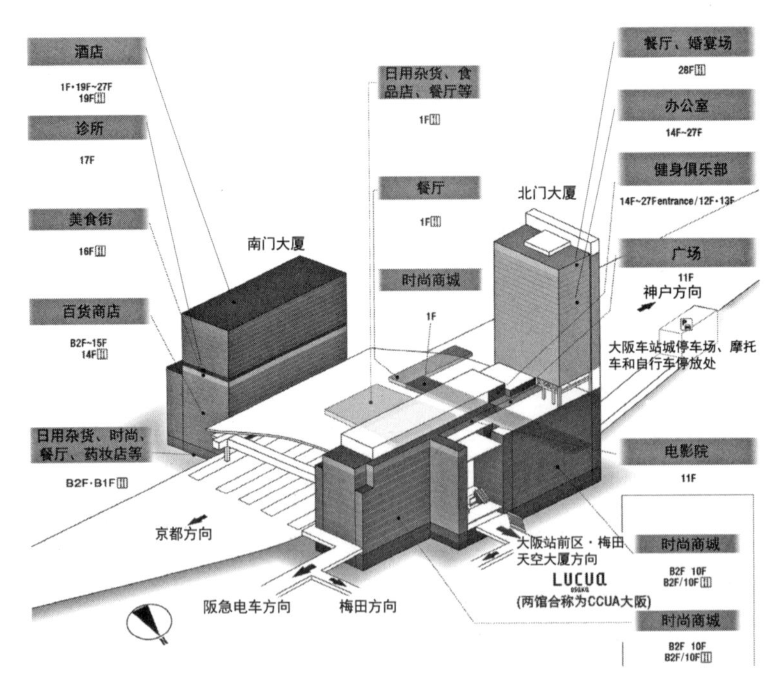


图6-18　楼层简介

底图来源：https://osakastationcity.com/en/

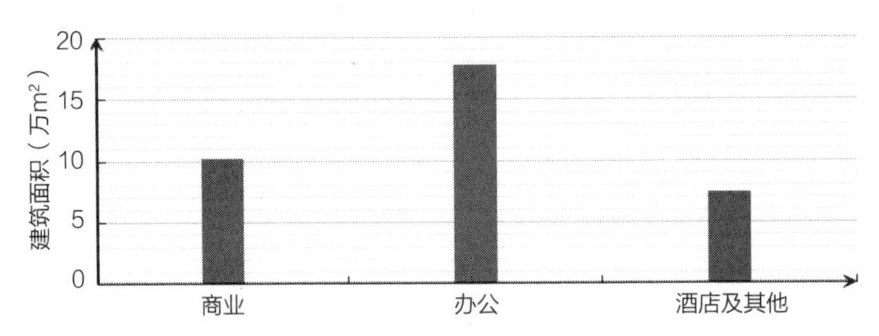


图6-19　大阪车站城业态构成及开发面积

图片来源：作者自绘

图6-20　大阪站前综合体平面图

图片来源：関西国際戦略総合特別区域地域協議会事務局，2020

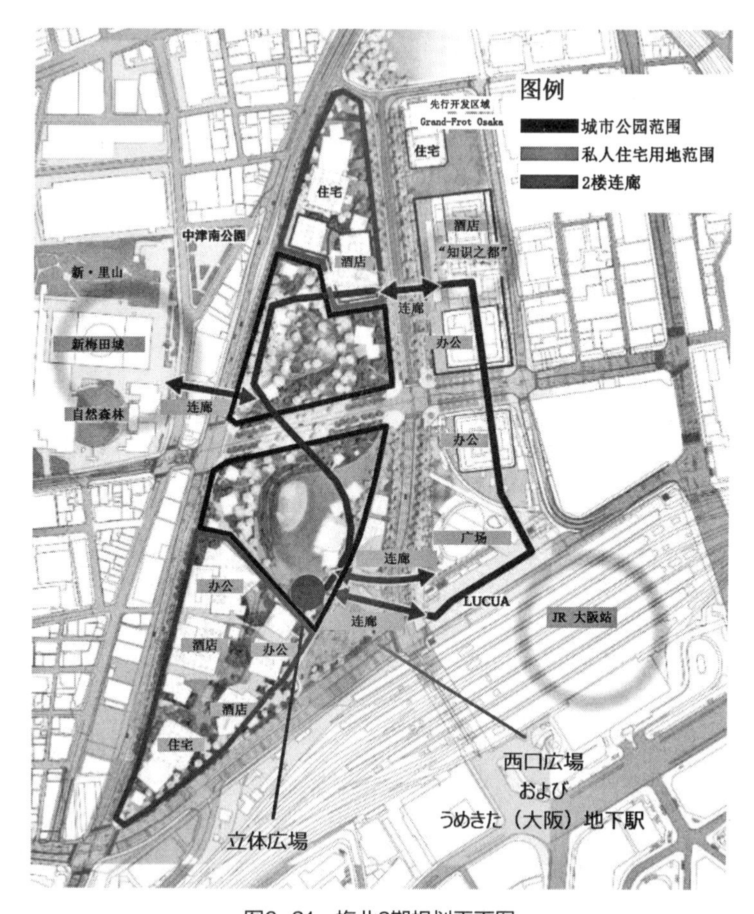


图6-21　梅北2期规划平面图

图片来源：https://www.grandfront-osaka.jp/

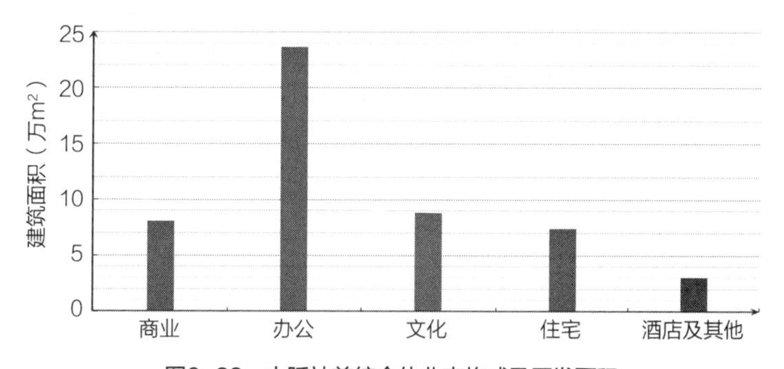


图6-22　大阪站前综合体业态构成及开发面积

资料来源：https://www.hhp.co.jp/services/shopping/#link01

（2）梅北2期

梅北2期占地约17hm²，包括4.5hm²城市公园。计划结合“绿色城市”概念建设新站点，实现45min从大阪市中心到关西国际机场。规划建设南北两个街区，均以商业、办公、酒店及休闲、住宅等业态开发为主（社三菱地所 等，2020）（图6-23）。

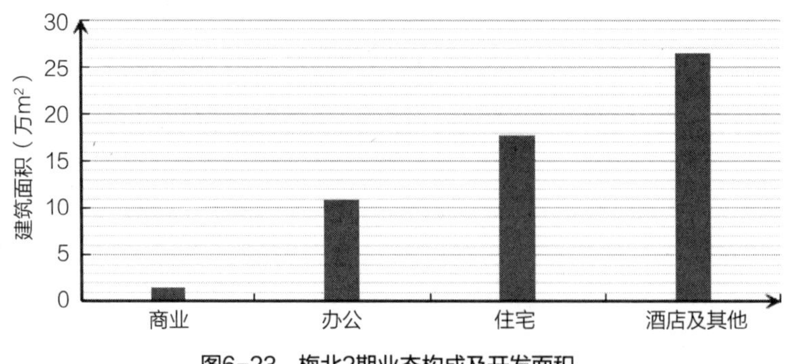


**图6-23 梅北2期业态构成及开发面积**

资料来源：社三菱地所 等，2020

## 6.3 物业业态开发比例

不同物业开发模式的各业态配比不尽相同，总体以商业、办公、酒店、住宅业态开发比例较高，文化休闲、科研、医疗服务等业态开发比例较低。

### 6.3.1 上盖物业开发模式及业态占比

上盖物业开发模式，一般以商业、办公、酒店业态开发比例较高。其中，枢纽上盖物业开发以京都站为例，其商业和酒店业态开发约占总开发规模的62.50%，且两者开发比例较接近，约为0.79：1；文化业态开发规模约为商业业态的1/2。车辆段上盖物业开发以六本木新城为例，其办公业态开发规模占项目总开发规模的1/2，约为酒店开发的5.5倍；其后依次递减为文化、住宅和商业业态开发（图6-24）。

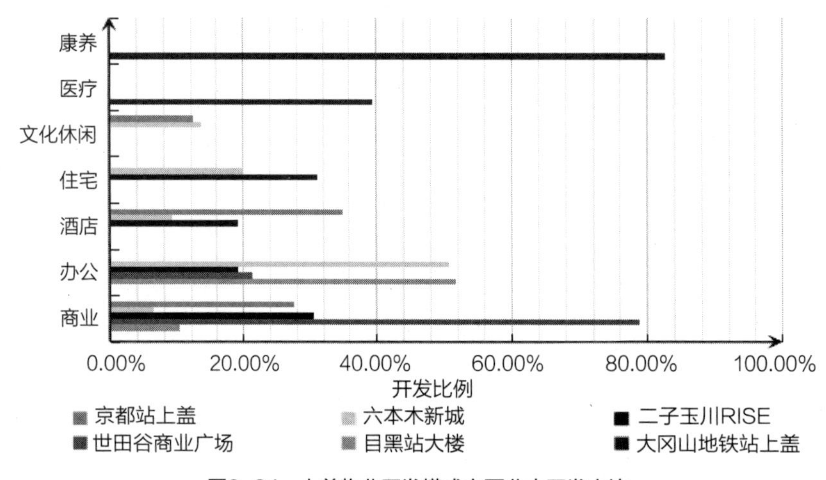


**图6-24 上盖物业开发模式主要业态开发占比**

图片来源：作者自绘

### 6.3.2　地下商业街开发模式及业态占比

地下商业街开发模式，一般以零售或餐饮业态开发比例较高，医疗诊所、咨询室、ATM等服务型业态开发占比较小（图6–25）。除Diamor地下街外，梅田地下街、八重洲地下街、长堀地下街等的业态设置均与之类似，商业业态以餐饮和零售为主，且零售业态开发占比较高。除Diamor地下街零售和餐饮业态开发比例为5.58：1，一般两种业态开发比例为1.4：1或1.5：1。

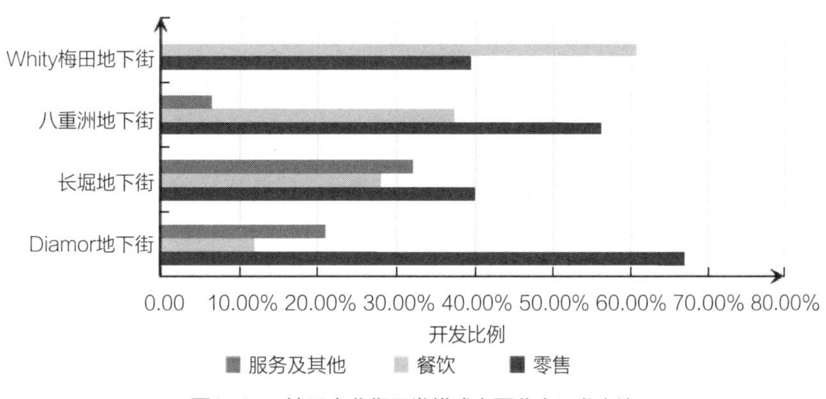


图6–25　地下商业街开发模式主要业态开发占比

图片来源：作者自绘

### 6.3.3　综合立体化开发模式及业态占比

综合立体化开发模式，一般以商业、办公、文化等业态开发比例较高。涩谷·未来之光办公业态开发约为39.50%，是商业开发规模的3.2倍；文化业态约为商业业态的2.2倍（图6–26）。丰岛区政府办公楼及住宅综合体、国分寺站站前综合体的住宅开发比例最高，均占总体开发规模的50%以上。

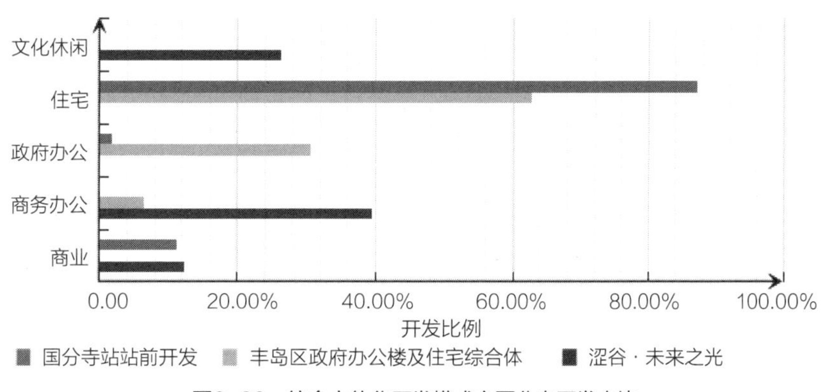


图6–26　综合立体化开发模式主要业态开发占比

图片来源：作者自绘

### 6.3.4 水平开发模式及业态占比

水平开发模式，一般以办公、酒店、商业等业态开发比例较高，不同开发项目的住宅业态占比略有差异。大阪站及梅北地区再开发、涩谷站再开发，均以办公业态开发比例最高，后者该业态占比接近整体开发规模的1/2，但住宅业态开发比例较低，仅为2.1%（图6-27）；前者住宅业态开发占比则较高，约为26.2%。

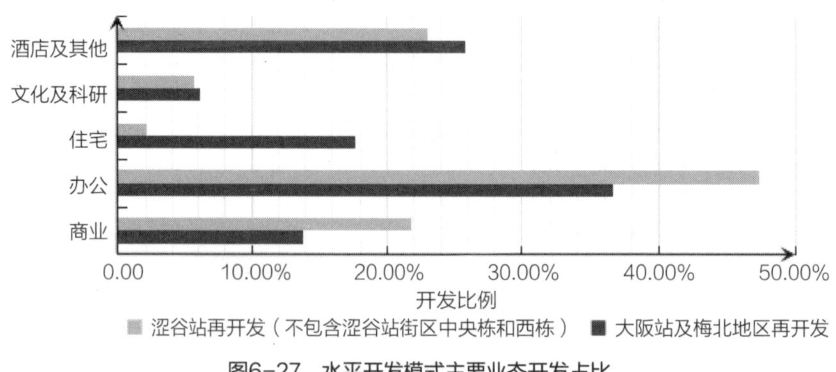


**图6-27 水平开发模式主要业态开发占比**

图片来源：作者自绘

### 6.3.5 总结

轨道交通枢纽物业开发为枢纽地区提供功能便利，有利于形成以枢纽为核心的新城市综合体，是城市集约化发展背景下的有效实践。日本轨道交通枢纽物业开发充分考虑枢纽与周边用地的协调发展，除地下商业开发模式外，不同物业开发模式的业态开发组合相差不大，但其开发比例有所差异，以塑造多样性的枢纽地区中心。我国枢纽地区物业开发，可结合自身轨道交通建设需求、客流及枢纽周边人群需求、未来城市发展方向、投融资等各方面发展实际，总结与借鉴日本等国家和地区的开发经验，优化业态配比，促进枢纽地区综合开发。

# 第7章　新技术在一体化开发建设中的应用案例

当今社会，随着移动互联网技术高度普及，在城市研究的各个领域里以互联网为代表的城市大数据受到了极大的关注。大数据本质是对以互联网数据为代表的数据收集、处理、分析、应用的一个过程。随着对互联网数据应用研究的广泛开展，以大数据分析为基础的新技术和新方法也在不断出现，这些新的科学技术方法的运用将为轨道交通枢纽及城市用地的一体化规划的制定与决策提供更加科学、客观的支持，助力我国新型城镇化的发展背景下城市规划建设在低碳、智慧、生态等方面的全面提升。

## 7.1　数据的分类及获取

### 7.1.1　数据的分类

对于城市规划应用领域的互联网数据通常都会带有空间地理坐标信息，这些数据大致可分为以下7类：

（1）特征数据。居民的性别、比例，人口数据以及其他特征等——人口数据。

（2）消费数据。居民的吃住行的消费数据、收入数据等——统计年鉴。

（3）行为数据源。居民工作生活情况，休闲的时间、场地、活跃程度等——位置、热力图数据。

（4）城市基础建设数据。公园场地、居住场地、休闲场地、娱乐设施、公路、社区建设、医药、学校等建筑数据——高德、百度POI数据，以及住房和城乡建设部数据。

（5）交通数据。公交、地铁、火车、飞机、私家车、出租车等交通工具、出行拥堵数据（高德百度、地图的交通出行数据来源于人们的手机导航软件获取到的位置信息，以及交通部门的数据）——交通部门统计数据。

（6）环境数据。水资源、绿化程度、污染程度、空气质量、天气情况、温度数据等——水利、气象部门统计数据。

（7）自然数据。地形地貌、水文地质、地被地类、地表温度、温泉等——遥感信息、国家地理信息网站统计数据。

### 7.1.2 数据获取途径

（1）政府部门官方网站。国家或地方统计局、政府各部门的网站（包含很多方面的数据）、人口普查网，以及部分地方政府有自己的大数据平台。

（2）数据爬虫。主流的python爬虫、POI数据、数据采集软件，此类数据更新快、内容全。

## 7.2 案例1：基于空间句法的轨道沿线土地开发影响范围研究

在地铁沿线土地开发利用方面，可以利用空间句法分析地铁线路开发与城市空间结构之间的联系；建立用地功能区空间分配模型，寻求地铁沿线土地类型之间的匹配关系。利用空间句法判别地铁线路规划和城市空间发展的关系是否合理，并在地铁沿线未开发土地功能区划分的基础上，依据土地的人口承载能力、交通承载能力以及经济承载能力以土地的经济效益和社会效益最大化为目标，建立线性优化模型，得到最优的土地功能区土地空间分配方案（金书鑫，2017）。

主要研究内容与方法如下：

地铁走廊沿线土地利用功能区划分及空间分配测算。从地铁线网层面的土地利用角度，分析地铁交通走廊与城市空间结构的关系，采用空间句法寻找城市的未来发展轴线和主要发展方向，以判断地铁线路走向的合理性；以现有用地性质为依据，按照土地的主要使用功能将交通地铁沿线的土地主要划分为居住功能区、商业功能区和办公功能区；在地铁线路合适的影响距离内，地铁沿线土地采用比其他区域略高的容积率作为下限指标，以土地利用的经济效益和社会效益作为最大目标，以人口容量、各个功能区的居住人口比例划分，以及地铁线路交通容量作为约束条件，寻求最优的地铁沿线各种土地利用类型用地分配。所得到的最终结果可以对总体规划中的土地利用规划结果进行调整优化。

### 7.2.1 确定研究对象

以广东省中山市市域轨道沿线土地开发影响范围研究为例，以中山市市域轨道线路及站点为研究对象，包括7条地铁线路和2条铁路线路。

### 7.2.2　搜集基础数据

以中山市为例，使用百度地图、谷歌地图等，截取下载城市地图（地图级别14或以上），地图需反映较低等级、密度较细的路网。根据中山市道路中心线进行空间句法线段模型建模：使用GIS中的编辑功能进行描图，将道路数据矢量化。

### 7.2.3　空间句法分析

首先在Depth MapX中点击Map—Convert Draming Map—Segment Map命令，从而将矢量路网转化为线段模型，转换后可获得一些基础指标。

然后点击Tools—Segment—Run Angular Analysis命令，进行线段模型计算，在对话框中进行选项设置，得到整合度（integration）、连接度（connectivity）、深度（depth）和选择度（choise）的分析结果（图7-1～图7-3）。根据模型的计算结果和城市功能结构特征，校准模型对城市特征描述的准确性，并寻找合适搜索半径。

为了得到更加离散的数值分布结果，整合度的分析半径采用800m，由于Depth Map的地图编辑功能较弱，因此在数据计算完毕后应使用ArcGIS软件展开编辑和数据成图，最后得到图7-4。

图7-1　中山市整合度分析

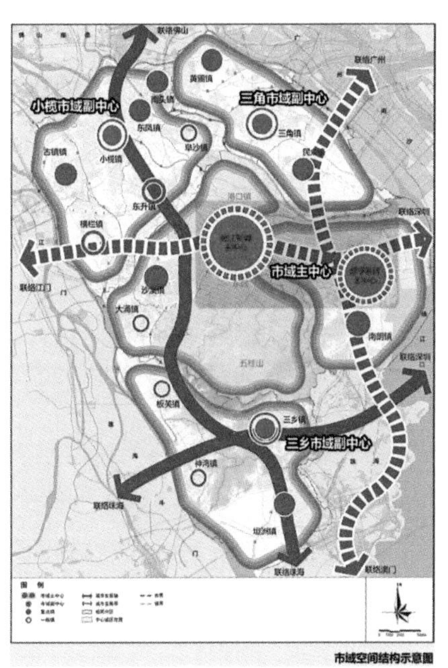



图7-2　中山市规划结构图

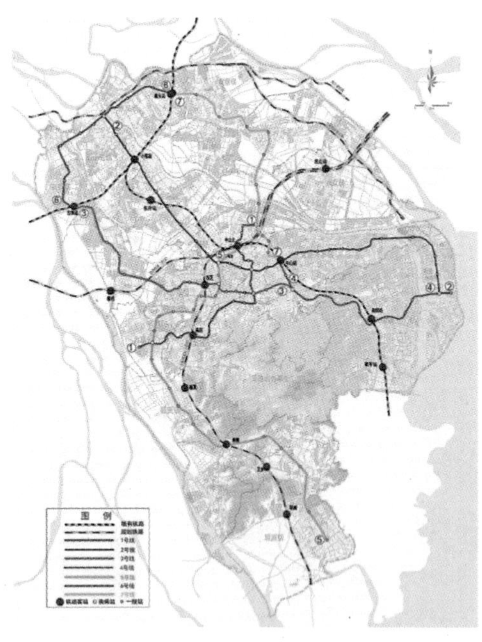


图7–3 中山市轨道线路规划图

图7–4 中山市800m半径整合度分析

### 7.2.4 与规划图对比

从图7–2可见，中山市的地铁将引导城市向多中心的结构发展，建立一主三副（分别指市域主中心、三角市域副中心、小榄市域副中心、三乡市域副中心）、一城双核（其中市域主中心又包括岐江新城主中心、翠亨新区主中心）的市域空间结构。市域主中心借助轨道交通的连接作用同三个副中心有效贯通，形成反磁力中心，疏解和平衡中山主城区域范围内的居住、就业及消费活动。

以中山主城区为例，将整合度分析图（图7–1）与市域城镇体系规划图（图7–2）、市域轨道交通线路图（图7–3）对比，可见未来中山将强化湾区联系，重点方向推进大运量轨道交通建设，衔接广州地铁18号线和佛山地铁11号线，预留跨马鞍岛对接深圳地铁线路。预留环湾地铁通道，接南沙新区枢纽站，对接珠海。多通道环湾轨道联系能够有效地衔接市域主中心和副中心。基于此，可见中山地铁规划线路是合理的，能够合理贯通中山主中心和两个副中心的发展轴线，带动周边区域的协调发展。

除此之外，空间句法还可以用于分析确定地铁影响区范围：分析地铁站点周边土地利用的强度和空间结构的演变，以地铁沿线用地的局部集聚核范围确定影响区范围（图7–5）。

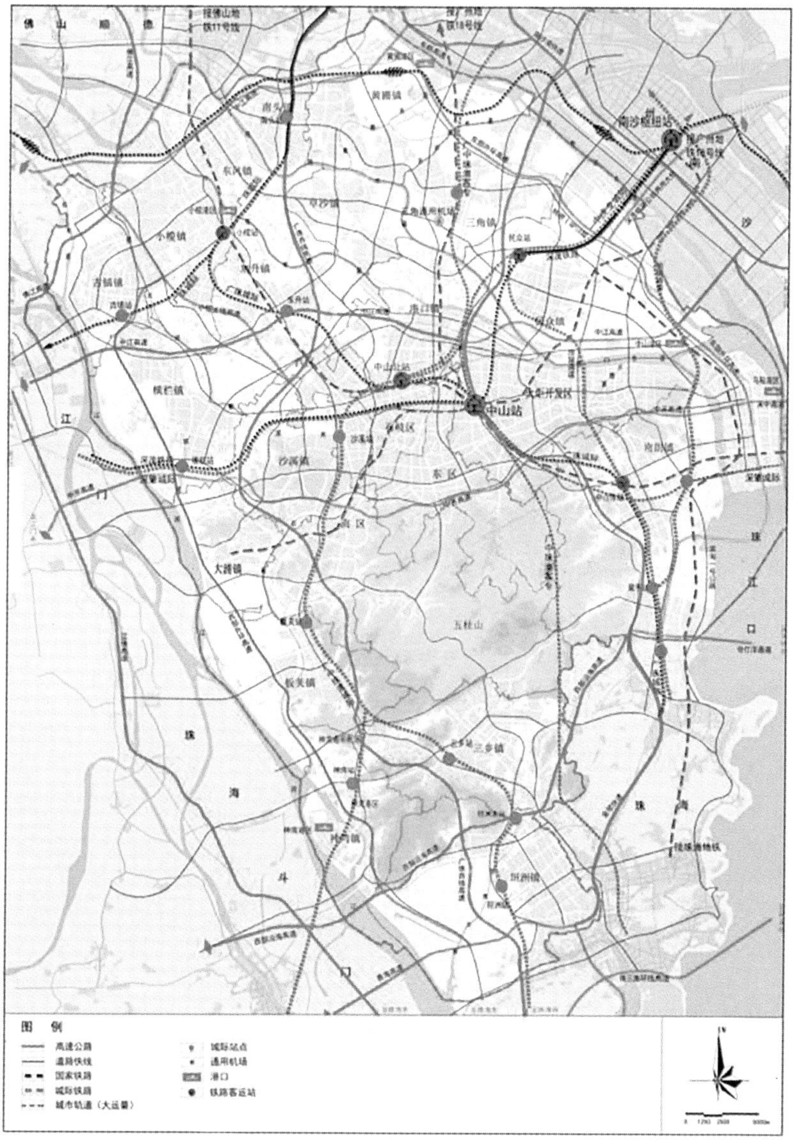

市域综合交通规划图

图7-5　中山市轨道站点分布

### 7.2.5　主要研究结论

（1）利用空间句法能够分析城市的多中心网络化分布和空间通道，整合主城区和各新城的空间联系，确定城市的多中心和发展轴线位置，进而能够判别地铁走廊的贯通程度以及和城市结构的空间关系匹配程度、地铁线路的规划是否合理。

（2）利用空间句法能够分析站点对周边用地影响的范围和强度，辅助轨道站点周边土地的一体化规划设计。

## 7.3 案例2：基于 POI 数据的轨交站点及其周边互动研究

POI数据准确承载了地理实体的空间属性信息，可以直观反映在城市空间中的分布，目前已被广泛运用到研究工作中：单一功能空间识别（薛冰 等，2018）、城市规模测度（刘凌波 等，2019）、区域空间结构发展趋势（何志超 等，2018），POI数据同样也可对城市轨交站点周边不同功能空间展开识别研究。

研究方法：提取轨道站点1500m辐射半径覆盖区域内POI数据为基础，借助GIS 地理分析软件分别对POI数据进行核密度分析，根据POI数据的空间分布及集聚离散特征，研究得出城市功能空间分布在各站点之间的差异性以及各站点1500m辐射半径范围内周边城市功能空间分布特征，同时与城市控制性详细规划用地规划图进行对比。

### 7.3.1 确定研究对象

以北京城市副中心轨道站点周边用地功能空间研究为例，以北京城市副中心行政区内两条轨道线路上各站点为研究对象，分别为6号线物资学院路站、通州北关站、北运河西站、北运河东站、郝家府站、东夏园站、潞城站，八通线通州北苑站、果园站、九棵树站、梨园站、临河里站、土桥站，然后结合GIS 缓冲区与泰森多边形，确定各站点辐射范围。

### 7.3.2 搜集基础数据

研究数据来源：

（1）北京城市副中心行政区域图，通过矢量化处理提取行政边界线和站点地理位置等要素信息。

（2）《北京城市副中心控制性详细规划》。

（3）2019年8月通过在线地图与高德地图API对接获取的POI数据，数据具体包含名称、经度、纬度、类型、所属区域等信息。对获取后的POI数据删除重复值进行剔除整理，根据在线地图POI数据分类体系并结合用地规划图将北京城市副中心行政区内各站点辐射范围内的36257条POI数据分为五大类十三小类（表7–1），分别是：居住、公共管理（政府机构）、公共服务（医疗设施、交通设施、体育设施、文化设施）、产业（餐饮、购物、公司、金融、休闲娱乐、其他生活设施）、大专院校及科研院所。

POI数据分类　　表7-1

| 居住 | 居住（小区、别墅、宿舍等） | 6433 | 6433 | 17.74 |
|---|---|---|---|---|
| 公共管理 | 政府机构（行政机构、事业单位等） | 1554 | 1554 | 4.29 |
| 公共服务 | 医疗（医院、防疫站等） | 1097 | 4894 | 13.49 |
| | 体育（运动场馆、训练基地等） | 216 | | |
| | 交通（公交站、地铁站等） | 2236 | | |
| | 科教文化（中小学、图书馆、音乐厅等） | 1345 | | |
| 产业 | 餐饮（餐厅、饭店等） | 4038 | 23267 | 64.17 |
| | 购物（超市、商场、市场、酒店等） | 7482 | | |
| | 公司（商务大厦、写字楼等） | 3006 | | |
| | 金融（银行、证券交易所等） | 675 | | |
| | 休闲娱乐（疗养院、剧院、高尔夫等） | 1658 | | |
| | 其他生活服务（物流、美发等） | 6408 | | |
| 大专院校及科研院所 | 高校科研（高校、科研所等） | 109 | 109 | 0.31 |
| 总计 | | 36257 | 36257 | 100 |

### 7.3.3　站点辐射范围界定

缓冲区是地理空间目标的一种影响范围或服务范围，具体指在点、线、面实体的周围自动建立的一定宽度的多边形。泰森多边形是早期由荷兰气候学家泰森（A. H. Thiessen）提出的一种根据离散分布的气象站的降雨量来计算平均降雨量的方法。每个泰森多边形只包含一个要素，且多边形中的任何位置距其关联要素的距离都比到任何其他要素的距离近。由于泰森多边形在空间剖分上的等分特性，可用于解决许多空间分析问题，如邻接、接近度和可达性分析等。

站点对步行换乘的吸引范围为1.185km，对常规公共交通换乘的吸引范围为2.86km，对私家车换乘的吸引范围为4.34km。城市轨道交通发展多侧重慢行系统与公共交通的换乘，因此站点的缓冲区设置应满足慢行系统和公共交通的可达性要求。首先确定1500m为各站点缓冲区范围，接下来以各个站点为目标建立泰森多边形，分别与北京城市副中心行政边界、缓冲区结合得到各个站点的辐射区范围，如图7–6所示。

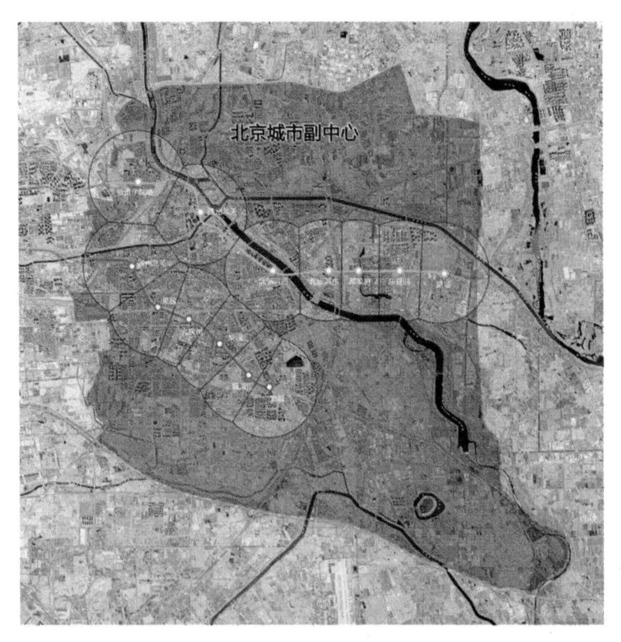


图7-6　北京城市副中心轨道站点辐射范围

## 7.3.4　核密度分析

### 1. 站点周边整体用地功能分析

依照北京城市副中心控制性详细规划用地功能规划图将POI数据分为居住类、产业类、公共管理类、公共服务类、大专院校及科研类共五类数据。通过GIS地理分析软件分别对五类POI数据进行核密度分析，得到不同城市功能空间分布特征后，结合五类POI数据点状分布图，与《北京城市副中心控制性详细规划》(用地功能规划图）进行对比分析，得到站点周边用地开发建设现状与规划成果预期的差异性，为后期站点周边用地优化及研究轨道站点对城市空间结构的影响提供思路（图7–7）。

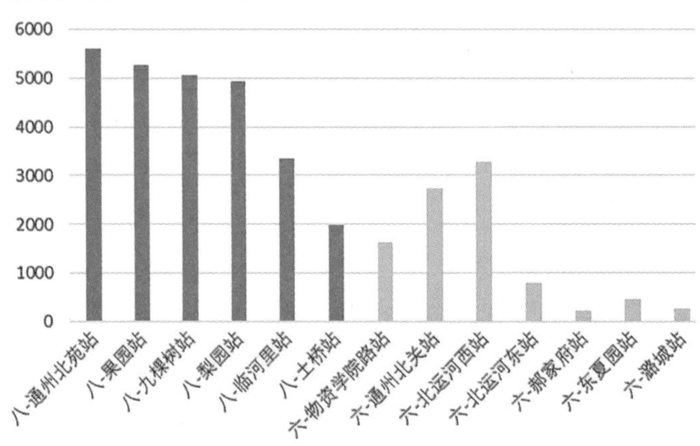


图7–7　各站点POI数据统计图

通过对北京城市副中心各个站点辐射范围内的全部POI数据进行核密度分析，得到结果如图7-8所示。由图可知当对全部POI数据进行核密度分析时，POI数据密度在通州北苑站、九棵树站、梨园站、物资学院路站呈现内高外低的分布趋势，每个站点内的集聚峰值均出现在站点核心圈层，且通州北苑站的密度峰值是所有站点中的最高值；果园站、北运河西站内的聚集密度呈现均匀分布的状态，站点内的密度峰值出现在不同圈层；通州北关站、临河里站、土桥站、北运河东站、郝家府站、东夏园站、潞城站内的集聚密度呈现不均衡的分布现状，且集聚密度峰值出现在不同圈层，其中北运河东站、郝家府站、东夏园站、潞城站密度分布较低。

图7-8　站点周边整体核密度分析

总体来看，北京城市副中心内八通线各个站点周边用地开发建设模式相对成熟，城市功能相对完善。6号线站点以运河为分界线，运河以西站点周边用地建设稍完善，较多新兴概念产业在此分布，运河以东的站点周边用地建设起步较晚，且开发程度低，不能满足周边居民日常生活需求，所以站点周边用地的开发模式与强度和站点位置、站点开通年份相关性很高。

2. 站点周边不同城市功能研究

由于政策指引、城市发展模式、地理资源等不同因素的相互影响，导致不同城市功能的空间分布特征具有差异性，因此不同类型的POI数据在空间上的分布必定具有差异性。本书借助GIS地理分析软件平台分别对以上不同类别的POI数据进行核密度分析，研究北京城市副中心各站点周边不同城市功能空间的现状分布特征。

将北京城市副中心各站点辐射范围内的36257条POI数据分类整理，见表7-2。由表7-2可知产业类、居住类、公共服务类POI数据在八通线上的分布均多于6号线，且差值极大；大专院校及科研院所类在6号线上的分布多于八通线，但相差较小；公共管理类在两条线路上的分布基本持平。由图7-9可知产业类POI数据在所有类型中占比最高（64.17%），其他类别所占比例分别是居住类17.74%、公共服务类13.5%、公共管理类4.29%、大专院校及科研院所类0.3%。

不同类型POI在各站点内的数据量　　表7-2

| 站点＼分类 | 居住 | 公共管理 | 公共服务 | 产业 | 大专院校及科研院所 |
|---|---|---|---|---|---|
| 物资学院路站 | 294 | 66 | 179 | 1122 | 20 |
| 通州北关站 | 441 | 254 | 360 | 1767 | 22 |
| 北运河西站 | 620 | 142 | 508 | 2075 | 14 |
| 北运河东站 | 167 | 46 | 162 | 446 | 3 |
| 郝家府站 | 46 | 61 | 53 | 76 | 0 |
| 东夏园站 | 143 | 102 | 130 | 102 | 2 |
| 潞城站 | 89 | 46 | 45 | 80 | 2 |
| 通州北苑站 | 869 | 197 | 689 | 3910 | 10 |
| 果园 | 1024 | 162 | 726 | 3446 | 13 |
| 九棵树 | 992 | 170 | 660 | 3290 | 8 |
| 梨园 | 881 | 171 | 613 | 3341 | 8 |
| 临河里 | 562 | 89 | 476 | 2264 | 5 |
| 土桥 | 305 | 48 | 293 | 1348 | 2 |
| 总和 | 6433 | 1554 | 4894 | 23267 | 109 |

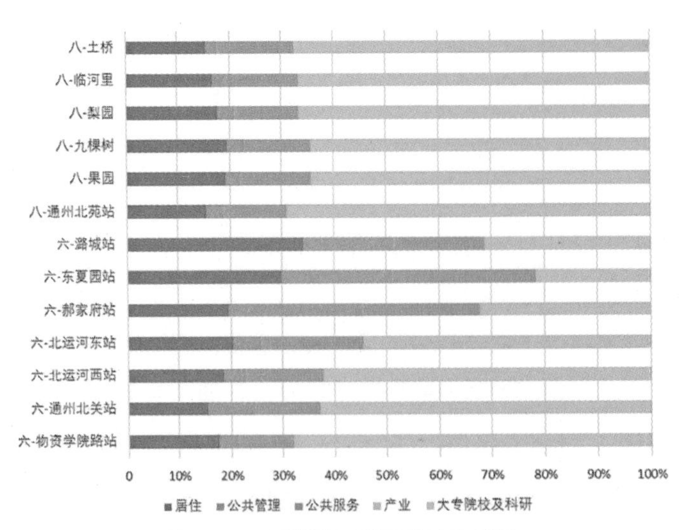


图7-9　不同类型POI数据所占比例图

由图7–10可知居住类POI数据较多以站点为中心，与站点保持适当距离环绕分布，具有极强的联系。八通线站点辐射范围内居住类密度值普遍高于6号线，且大范围内呈现较高密度值；围绕6号线站点分布的居住类POI随着远离北京中心城区，其密度呈现先升高后急剧下降在终点站变高的趋势，这与北京城市副中心控制性规划将郝家府与东夏园周边的大量用地规划为公共管理类有关。

由图7–11可知公共服务类POI数据大部分以站点为核心集聚分布，且呈现由内向外逐渐降低的趋势，高密度值分布范围较广。通州北苑、果园、九棵树、梨园、物资学院路站内公共服务类POI在站点核心圈层集聚出现峰值，由内向外逐渐递减；临河里、土桥、通州北关、北运河西站公共服务类分布较分散，且有多个最高值出现在站内不同圈层；公共服务类在北运河东、郝家府、东夏园、潞城的分布较少且不均衡。

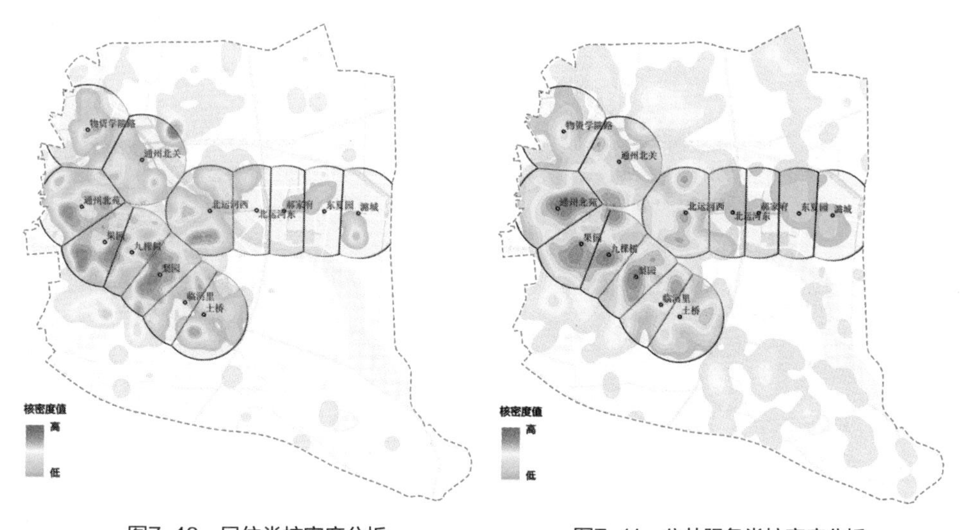


图7–10　居住类核密度分析

图7–11　公共服务类核密度分析

由图7–12可知产业类POI随着远离北京中心城区其密度呈现降低趋势，八通线密度值整体高于6号线，且具有较大差异性，即便是八通线终点站土桥也拥有较高密度的产业类设施分布。产业类POI数据高度集聚且高密度值分布范围小，在通州北苑、九棵树、梨园、果园、物资学院路内绝大部分均紧邻地铁站点集聚，核心圈层密度与外圈层密度值相差极大；通州北关、北运河西、临河里、土桥站内产业类POI密度峰值出现在不同圈层；北运河东、郝家府、东夏园、潞城站的产业类POI分布极少，并未形成集聚组团。

由图7–13可知公共管理类POI数据整体看主要集聚分布于两条轨道中间区域，各站点内的POI数据量与站点位置相关性不大。公共管理类POI数据在八通线上的分布呈现逐渐降低的趋势，在6号线上呈现先升高后降低再升高的趋势，这与北京市政府搬迁至郝家府与东夏园站之间有关。

由图7-14可知，大专院校及科研院所类职能分布与站点位置相关性较高，远离北京中心城区的站点辐射范围内POI数据分布较少，绝大多数的POI数据分别集聚在两条轨道靠近北京中心城区的站点，且高度集聚分布范围较小。但由于已在6号线末端站点潞城站北部规划建设中国人民大学（东校区），未来潞城站点此类POI密度值将会急剧上升。

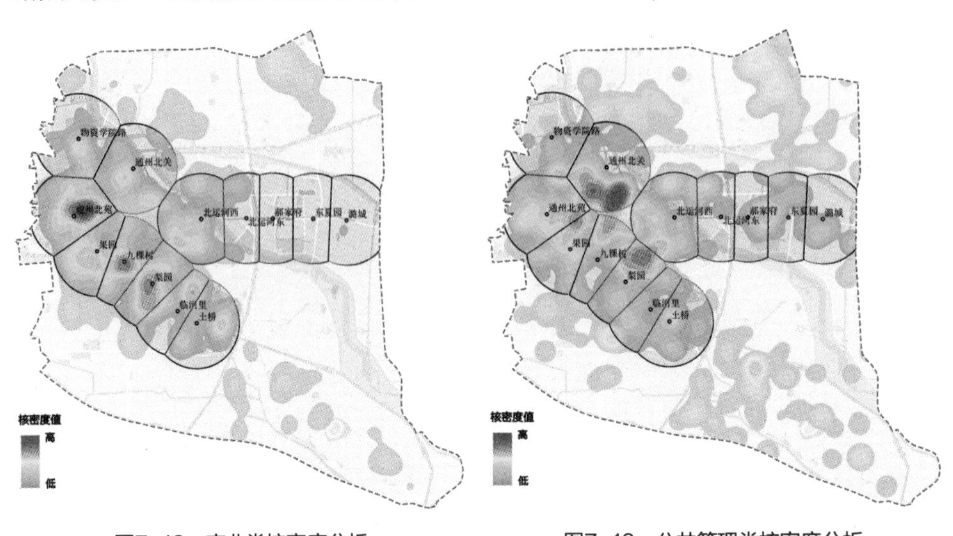


图7-12　产业类核密度分析　　　　图7-13　公共管理类核密度分析

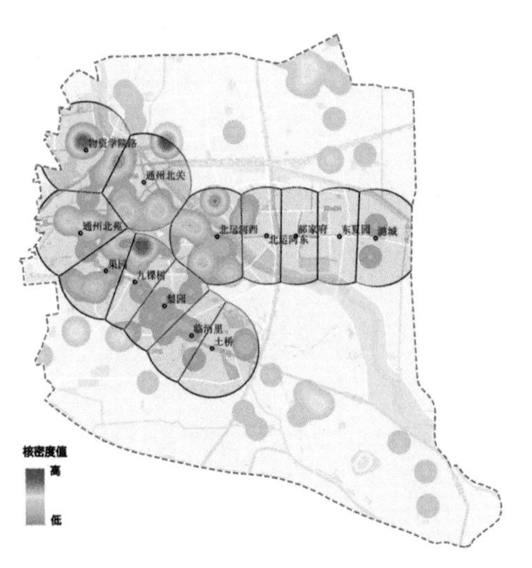


图7-14　大专院校及科研类核密度分析

通过分析上述5类不同类型POI数据的空间分布特征，可以看出公共服务类、产业类大量POI数据在站点核心区内集聚分布，在个别站点外圈层也存在较高密度值；居住类绝大多数POI数据靠近站点但与站点保持适当距离环绕分布；公共管理类、大专院校及科研院所类POI数据较多分布在站点外圈层，且较高密度值分布范围小。

总体来看，北京城市副中心内远离北京中心城区的站点与靠近中心城区的站点之间各种功能空间分布差异性较大；居住类、公共服务类职能建设相对完善，随着与北京市政府相关的职能搬迁，后期公共管理类职能也会相对完善；产业类、大专院校及科研院所类职能分布相对不均衡。

### 7.3.5　与规划图对比

通过以上不同视角分析，本书选取三个较有代表性的站点与北京城市副中心控制性详细规划（用地规划图）进行对比，分别是开发建设相对成熟的通州北苑站、已有一定建设规模的通州北关站，以及起步发展中的东夏园站。

在北京副中心控制性规划用地规划图中可以看出，通州北苑站点覆盖范围内以居住用地为主，混合产业与公共服务用地、公共管理与大专院校及科研院所用地占比很少。将POI数据点状图与用地规划图对比发现不同职能的现状分布与规划图的差异性相对较小，站点周边用地功能混合程度高，开发模式成熟完善，结合核密度分析图可知通州北苑站点周边城市活动发生最为频繁的为紧邻站点的万达广场综合体，且密度值由内向外逐渐降低（图7–15～图7–17）。

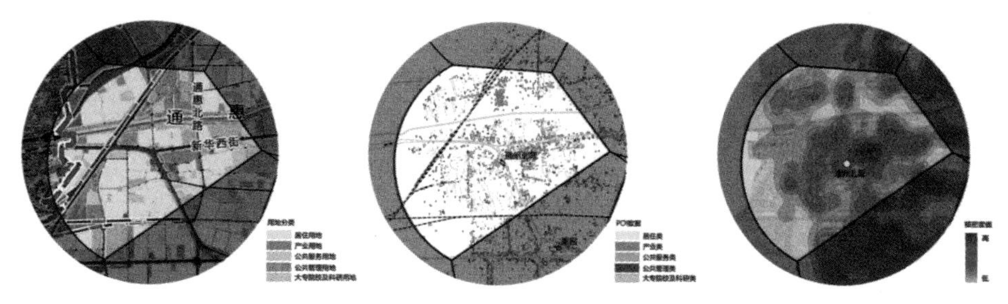


图7–15　通州北苑用地规划图　　图7–16　通州北苑POI分布图　　图7–17　通州北苑核密度

通州北关站用地规划图体现出未来以产业用地为主且集中分布在核心区域，周围混合居住用地，少量公共服务、公共管理、大专院校及科研用地，将POI数据点状分布图与用地规划图对比发现两者城市功能空间结构的差异性较小，但分布密度相差较大。通州北关站周边用地建设已形成功能结构模式，但在业态引入、人流吸引、活力营造等方面需要完善（图7–18～图7–20）。

通过东夏园的用地规划图可以看出，未来东夏园的建设将是以公共管理用地为主，纵向两端空间内布置居住、产业、公共服务用地。由于部分北京市政府相关职能已由中心城区搬迁至城市副中心，因此在POI数据点状分布图中可以看到公共管理类POI的分布，但其他城市功能尚处于起步发展阶段。整体来说，东夏园站周边用地开发与用地规划相差较大，各类城市功能也处于快速开发建设中（图7–21～图7–23）。

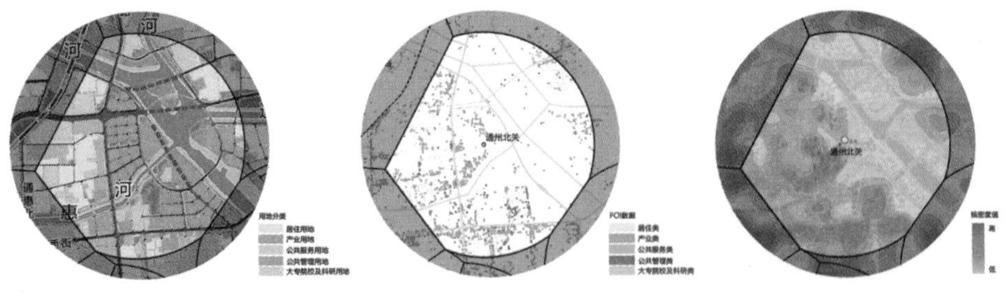


图7–18　通州北关用地规划图　图7–19　通州北关POI分布图　图7–20　通州北关核密度图

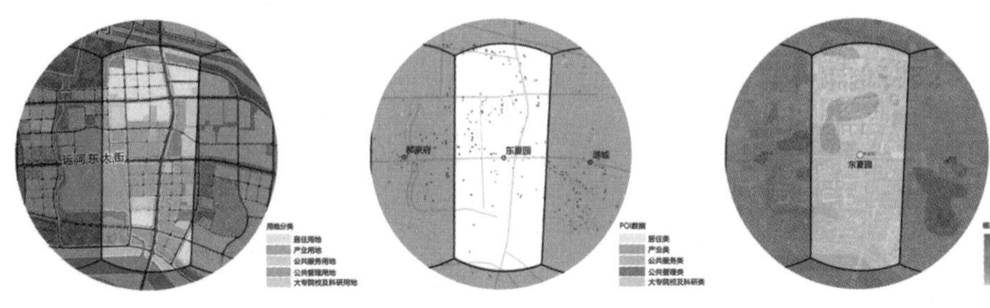


图7–21　东夏园用地规划图　图7–22　东夏园POI分布图　图7–23　东夏园核密度图

综合来说，通州北苑站点周边用地开发建设相对完善，与用地规划图相差较少；通州北关站周边用地开发已完成功能结构模式建设，但相关城市功能需继续开发完善，以推进北京副中心协调发展；东夏园站周边用地整体处于起步发展阶段，与用地规划图相差最大，后期城市功能分布应严格遵循用地规划图，合理开发建设促进北京城市副中心高品质均衡发展，构建北京中心城区反吸引体系。

### 7.3.6　主要研究结论

北京城市副中心整体用地功能与各类用地功能均呈现多中心空间结构，但在各站点周边分布极不均衡。产业类、公共服务类围绕站点集聚，与站点紧密关联，呈现内高外低分布趋势；居住类、公共管理类、大专院校及科研院所类集聚中心出现在不同圈层，与站点保持一定距离。八通线站点周边用地功能分布密度远高于6号线，且用地功能较完善的站点与规划图差异性较小，6号线东部站点与规划图具有较大的差异性。北京副中心站点周边用地功能空间结构体现了用地功能并非完全按照政策引导发展，其站点区位、开通年限对其有一定影响。

本书以POI数据为基础，借助GIS工具对北京城市副中心城市功能空间的分布进行了研究分析，但目前获取的POI数据无法体现地理实体的面积大小与等级关系，核密度分析角度单一，同时政府公示的法规政策具有时序性，所以今后还需结合POI数据等级权重、空间自相关分析方法深入研究站点周边用地功能。

# 参考文献


[1] 北田静男，高玉娟．中国TOD开发项目设计原则与日本TOD开发案例研究［J］．建筑技艺，2020，26（9）：21-29.

[2] 春燕．容积率制度在城市创新建设中的应用——解读东京城市成长战略［J］．城市规划学刊，2014（6）：90-94.

[3] 崔敏榆．香港“轨道+物业”开发模式现状及启示［J］．住宅科技，2019，39（10）：15-20.

[4] 方雷，吴家友，易斌．广州市轨道交通站点周边一体化发展研究［J］．铁道运输与经济，2012，34（1）：62-66.

[5] 冯浚，徐康明．哥本哈根TOD模式研究［J］．城市交通，2006（02）：41-46.

[6] 傅志寰，陆化普．城市群交通一体化：理论研究与案例分析［M］．北京：人民交通出版社，2016.

[7] 傅志寰．中国特色新型城镇化发展战略研究（第二卷）［M］．北京：中国建筑工业出版社，2013.

[8] 关宏志，非集计模型——交通行为分析的工具［M］．北京：人民交通出版社，2004.

[9] 郭磊．国外城市地下空间开发与利用经验借鉴（六）：日本地下空间开发与利用（6）［J］．城市规划通讯，2016（10）：17.

[10] 过秀成．城市交通规划［M］．南京：东南大学出版社，2017.

[11] 韩建丽．城市交通综合体的功能布局和用地模式研究——以成都火车东站为例［D］．成都：西南交通大学，2016.

[12] 韩凝春．国际城市地铁商业开发借鉴与研究［J］．北京市财贸管理干部学院学报，2007（4）：20-23.

[13] 何志超，郭青海，杨一夫，等．基于POI数据的厦漳泉同城化进展评估［J］．规划师，2018，34（4）：33-37.

[14] 贺磊，代悦．浅析轨道交通TOD模式土地使用权获取方式［N］．中国建设报，2017-06-02（006）.

[15] 金书鑫．基于交通效用的地铁沿线土地开发强度与合理票价研究［D］．西安：长安大学，2017.

[16] 兰杰，陈建凯，李思齐．城市轨道交通车站周边地下空间规划整合设计［C］// 中国城市规划学会城市交通规划学术委员会．交叉创新与转型重构：2017年中国城市交通

规划年会论文集．北京：中国建筑工业出版社，2017．

[17] 李苗裔，王鹏．数据驱动的城市规划新技术：从GIS到大数据［J］．国际城市规划，2014，29（6）：58–65．

[18] 李颂熹．关于轨道交通站点综合开发项目（TID）的思考［J］．铁道经济研究，2013（6）：80–86，132．

[19] 李珽，史懿亭，符文颖．TOD概念的发展及其中国化［J］．国际城市规划，2015，30（3）：72–77．

[20] 刘佳，吴晓，胡智行．新区地铁站点与商业空间一体化开发模式［C］//中国城市规划学会，贵阳市人民政府．新常态：传承与变革——2015中国城市规划年会论文集（05城市交通规划）．2015：1–10．

[21] 刘凌波，彭正洪，吴昊．基于H/T断裂点法的POI自然城市规模等级测度［J］．国际城市规划，2019，34（3）：56–64．

[22] 陆化普，丁宇，张永波．中国城市职住均衡实证分析与关键对策［J］．城市交通，2013（3）：1–6．

[23] 陆化普，罗兆广，王晶．城市与交通一体化规划：新加坡经验与珠海规划实践［M］．北京：中国建筑工业出版社，2019．

[24] 陆化普，余卫平．绿色·智能·人文一体化交通［M］．北京：中国建筑工业出版社，2014．

[25] 陆化普．城市交通规划与管理［M］．北京：中国城市出版社，2012．

[26] 陆钟骁．东京的城市更新与站城一体化开发［J］．建筑实践，2019（3）：42–47．

[27] 沙永杰，黑木正郎．东京丰岛区政府办公楼与集合住宅一体化开发项目［J］．时代建筑，2017（3）：130–137．

[28] 孙峻，骆彩霞，程祖辰，等．基于城市轨道交通的土地定向储备模式研究［J］．建筑经济，2017，38（01）：58–62．

[29] 陶希东．国外新城建设的经验与教训［J］．城市问题，2005（6）：95–98．

[30] 童林旭．论城市地下空间规划指标体系［J］．地下空间与工程学报，2006（S1）：1111–1115．

[31] 童林旭．论日本地下街建设的基本经验［J］．地下空间，1988（3）：76–83．

[32] 王晶，陆化普．城市客运交通枢纽与周边用地一体化建设研究［J］．城市交通，2015，13（5）：43–50，58．

[33] 王荣华．构建和谐发展的世界城市——上海“十一五”发展规划思路研究［M］．上海：上海社会科学院出版社，2005．

[34] 王洋，赵景伟，彭芳乐．城市地铁沿线站域地下空间开发控制要素探讨［J］．规划师，2014，30（9）：70–75．

[35] 吴春花，王桢栋，陆钟骁．涩谷·未来之光背后的城市开发策略——访株式会社日建设计执行董事陆钟骁［J］．建筑技艺，2015（11）：40–47．

[ 36 ] 吴静雯，严杰．容积率奖励的可行性研究 [ C ] //中国城市规划学会．生态文明视角下的城乡规划：2008中国城市规划年会论文集．2008.

[ 37 ] 肖亦卓．规划与现实：国外新城运动经验研究 [ J ]．北京规划建设，2005（2）：135-138.

[ 38 ] 薛冰，肖骁，李京忠，等．基于POI大数据的城市零售业空间热点分析——以辽宁省沈阳市为例 [ J ]．经济地理，2018，38（5）：36-43.

[ 39 ] 杨俊宴，吴明伟．奖励性管制方法在城市规划中的应用 [ J ]．城市规划学刊，2007（2）：77-80.

[ 40 ] 一览众山小．东急站城一体化开发案例综述与实施路径 [ EB/OL ]．2020．https://mp.weixin.qq.com/s/M2gj4GOeX-ktWadR2eP3Sw.

[ 41 ] 一览众山小．下永田洋采访实录：东急TOD开发启示录 [ EB/OL ]．2020-02-06．https://mp.weixin.qq.com/s/CZmJ8WIAKzzmWHBKkzsaJg.

[ 42 ] 佚名．东急二子玉川综合开发 [ J ]．建筑技艺，2015（11）：36-39.

[ 43 ] 佚名．日本六本木新城案例分析 [ EB/OL ]．2017．https://max.book118.com/html/2017/1221/145350596.shtm.

[ 44 ] 喻建华，胡民锋，隗炜．国有土地使用权作价出资或入股的探索与思考 [ J ]．中国房地产，2019（27）：65-68.

[ 45 ] 张京祥，吴佳，殷洁．城市土地储备制度及其空间效应的检讨 [ J ]．城市规划，2007（12）：26-30，36.

[ 46 ] 张全国．借鉴香港"轨道交通+土地综合利用"模式加快我国城市轨道交通建设 [ J ]．协商论坛，2014（3）：19.

[ 47 ] 张世升．基于铁路沿线大型站点的综合开发研究——以日本京都火车站综合体谈西安站改 [ J ]．铁道标准设计，2016，60（1）：114-118.

[ 48 ] 张子栋．亚洲轨道交通管理体制的特点研究 [ C ] //中国城市规划学会城市交通规划学术委员会．新型城镇化与交通发展：2013年中国城市交通规划年会暨第27次学术研讨会论文集．北京：中国建筑工业出版社，2014.

[ 49 ] 赵坚，赵云毅．"站城一体"使轨道交通与土地开发价值最大化 [ J ]．北京交通大学学报（社会科学版），2018，17（4）：38-53.

[ 50 ] 中华人民共和国住房和城乡建设部．城市地下空间规划标准：GB/T 51358—2019 [ S ]．北京：中国计划出版社，2019.

[ 51 ] 中华人民共和国住房和城乡建设部．城市用地分类与规划建设用地标准：GB 50137—2011 [ S ]．北京：中国计划出版社，2012.

[ 52 ] 中华人民共和国住房和城乡建设部．建设项目交通影响评价技术标准：CJJ/T 141—2010 [ S ]．北京：中国建筑工业出版社，2010.

[ 53 ] 中商数据．中日轨交商业对比（一）——地下商业集群拱卫的车站城 [ EB/OL ]．2018-08-08．https://mp.weixin.qq.com/s/0uzfKJzT-IL-r_Fe0GN34g.

[54] 朱光. 国内轨道交通场站综合开发的政策研究［J］. 上海房地，2015（10）：14–18.

[55] 朱筱菁. 香港铁路法律体系及其启示［J］. 现代城市轨道交通，2012（6）：76–78，86.

[56] 筑梦师. 城市更新经典案例分析：日本六本木新城［EB/OL］. 2017–11–14. https://mp.weixin.qq.com/s/SxZ332z3–fukLrT7k9ZvqA.

[57] 邹德慈. 城市规划导论［M］. 北京：中国建筑工业出版社，2002.

[58] 吉野繁. 涩谷 · 未来之光［J］. 建筑技艺，2015（11）：48–49.

[59] 杨成颢. 日本轨道交通枢纽车站核心影响区再开发研究［D］. 厦门：华侨大学，2018.

[60] 莫欣德 • 辛格. 新加坡陆路交通系统发展策略［J］. 城市交通，2009，7（6）：39–44.

[61] 汤姆逊. 城市布局与交通规划［M］. 倪文彦，陶吴馨，译. 北京：中国建筑工业出版社，1982.

[62] 凯文 • 林奇. 城市形态［M］. 林庆怡，陈朝晖，邓华，译. 北京：华夏出版社，2001.

[63] 伊利尔 • 沙里宁. 城市：它的发展衰败与未来［M］. 顾启源，译. 北京：中国建筑工业出版社，1986.

[64] 李颂熹. 关于轨道交通站点综合开发项目（TID）的思考［J］. 铁道经济研究，2013（06）：80–86+132.

[65] 东京都西东京市政府. ひばりヶ丘駅北口地区街道再生方针［EB/OL］. 2016. https://www.city.nishitokyo.lg.jp/siseizyoho/sesaku_keikaku/keikaku/toshi/hibakita_machinami.files/08.pdf.

[66] 東急不動産株式会社. 「渋谷ソラスタ（SHIBUYA SOLASTA）」竣工［EB/OL］. 2019. https://www.tokyu–land.co.jp/news/89df8935d6fccb967bcb984bbeb967fe.pdf.

[67] 東急電鉄. 東急多摩田園都市［EB/OL］. 2019.https://www.109sumai.com/development/dento.html.

[68] 東急電鉄.東急多摩田園都市とまちづくり［EB/OL］. 2019. https://www.tokyu.co.jp/company/business/urban_development/denentoshi/.

[69] 東京都都市整備局. 日本の東京丸の内だつた［EB/OL］. 2012［2015–08–01］. http://www.toshiseibi.metro.tokyo.jp/.

[70] 関西国際戦略総合特別区域地域協議会事務局. 関西イノベーション国際戦略総合特区大阪駅周辺地区［EB/OL］. 2020. http://kansai–tokku.jp/shared/pdf/about/shuhen.pdf.

[71] 豊島区. 新庁舎整備推進計画［EB/OL］. 2010. http://www.city.toshima.lg.jp/063/kuse/shisaku/shisaku/kekaku/021014/documents/seibisuisinkeikaku_zenbun.pdf.

[72] 日本国土交通省，東京都，渋谷区. 渋谷駅中心地区基盤整備方針（平成24年）［R］. 渋谷区　都市整備部，2012.

[73] 日本国土交通省. 都市再生緊急整備地域の主な支援措置［EB/OL］. 2011. https://www.mlit.go.jp/toshi/content/001323388.pdf .

[74] 社三菱地所，大阪ガス都市開発株式会社，オリックス不動産株式会社，等. 「（仮

称）うめきた2期地区開発事業」始動［EB/OL］. 2020. https://www.mec.co.jp/j/news/archives/mec200325_umekita2.pdf.

［75］佚名. 東京都市計画第一種市街地再開発事業の決定（渋谷区決定）［EB/OL］. http://www.city.shibuya.tokyo.jp/kankyo/machi/shibuya_eki/sakuragaoka061602.pdf. 2015.

［76］佚名. エリア別ショップリスト（業種別ショップリストは、裏面に掲載しています)［EB/OL］. 2020. https://whity.osaka-chikagai.jp/common/images/floor.pdf. 2020.

［77］佚名. 东急有限公司办公大楼：涩谷Hikarie［EB/OL］. 2020. http://www.t-build.com/build/hikarie.

［78］住友不動産株式会社. JR中央線駅直結大規模複合再開発ツインタワー［EB/OL］. 2016-06-22. http://www.sumitomord.co.jp/news/files/1602_0009/20160222_release_CT_Kokubunji.pdf.

［79］BERTOLINI L, SPIT T. Cities on the rails-the redevelopment of railway station areas [M]. London: E & FN Spon, 1998.

［80］BERTOLINI L, SPIT T. Herontwikkeling van stationslocaties in internationaal perspectief (Redevelopment of station locations in international perspective) [J]. Rooilijn, 1997, 30 (8):268-274.

［81］BERTOLINI L. Nodes and places: complexities of railway station redevelopment [J]. European Planning Studies, 1996, 4 (3): 331-345.

［82］Center for Transit Oriented Development. Performance-based Transit Oriented Development typology guidebook [R]. 2010.

［83］CERVERO R, WU K-L. Sub-centring and commuting: Evidence from the San Francisco Bay Area, 1980-90 [J]. Urban Studies. 1998, 35(7):1059-1076.

［84］CERVERO R, KOCKELMAN K. Travel demand and the 3Ds: density, diversity and design [J]. Transportation Research Part D: Transport and Environment, 1997, 2(3): 199-219.

［85］CERVERO R. Jobs-housing balancing and regional mobility [J]. Journal of the American Planning Association, 1989 (55):136-150.

［86］CERVERO R. The transit metropolis: A global inquiry [M]. Washington, DC: Island Press, 1998.

［87］Copenhagen Technical and Environmental Administration. The City of Copenhagen [R]. 2012.

［88］FARRELL T. Union square [R]. London: Terry Farrell and Partners, 1996.

［89］GPSC (Global Platform for Sustainable Cities, World Bank). TOD implementation resources & tools [R]. Washington, DC: World Bank. 2018.

［90］HALL P. Cities of tomorrow: An intellectual history of urban planning and design in the twentieth century [M]. Basil Blackwell, 1988.

［91］HOWARD E. Garden cities of to-morrow [M]. London S Sonnenschein & co. ltd., 1902.

［92］Institute of Transportation Engineers. Trip generation manual (7th Edition) [R].2008.

[ 93 ] MoUD (Ministry of Urban Development, India). Transit oriented development guidance document [R]. Consultant Report, IBI Group, New Delhi: Global Environment Facility, UNDP and World Bank, 2016.

[ 94 ] MUMFORD L. The Urban Prospect: Essays [M]. Harcourt, Brace & World, 1968.

[ 95 ] NEWMAN P, HOGAN T. Urban density and transport: a simple model based on three city types [R]. Murdoch University, 1987.

[ 96 ] NIUA. Transit oriented development for indian smart cities [EB/OL]. 2013. https://niua.org/tod/todfisc/book.php?book=1§ion=4.

[ 97 ] NLC. Transit–oriented development [R/OL]. 2016.http: //www.sustainablecitiesinstitute.org.

[ 98 ] POL P M J. A renaissance of stations, rail—ways and cities: economic effects, development strategies and organisational issues of european high–speed–train stations [M]. Delft: Delft University Press, 2002.

[ 99 ] POLLALIS S N. Planning sustainable cities: An infrastructure–based approach [R]// Zofnass Program for Sustainable Infrastructure, New York, NY: Routledge, 2016.

[ 100 ] PRIEMUS H. Hst–railway stations as dynamic nodes in urban networks [C]//3rd CPN Conference Proceeding, Beijing, 2006.

[ 101 ] Reconnecting America and the Center for Transit–Oriented Development. TOD 202: Station Area Planning –How to make great Transit–Oriented Places [R]. Oakland, CA: 2008.

[ 102 ] Reconnecting America.Station area planning: How to make great transit–oriented places [R/OL]. 2008. https://community–wealth.org/content/tod–202–station–area–planning–how–make–great–transit–oriented–places.

[ 103 ] SAARINEN E. The CITY: Its Growth – Its Decay – Its Future [M]. New York: Reinhold Publishing Corporation, 1945.

[ 104 ] SALAT S, OLLIVIER G. Transforming urban space through Transit Oriented Development–The 3V Approach [R]. Washington, DC: World Bank Group, 2017.

[ 105 ] SCHAEFFER K H, SCLAR E. Access for all: transportation and urban growth [M]. New York: Columbia University Press, 1980.

[ 106 ] SCHÜTZ E. Stadtentwicklung durch Hochge–schwindigkeitsverkehr, Konzeptionelle und Methodische Absätze zum Umgang mit den Raumwirkungen des schienengebunden Per–sonen–Hochgeschwindigkeitsverkeh (HGV) als Beitrag zur Lösung von Problemen der Stadtentwicklung, Informationen zur Rau – mentwicklungs [J]. Informationen zur Raumentwicklung, 1998(6): 369–383.

[ 107 ] SGS Economics and Planning Pty Ltd. Central to eveleigh urban transformation and transport program [R]. 2015.

[ 108 ] WRI (World Resource Institute), World Bank Group. Corridor level Transit–Oriented Development course–Module 4: Design components of TOD [R]. Washington, DC., 2015.

[ 109 ] Schaeffer K.H. and Eliott Sclar. 1975. Access for All:Transportation and Urban Growth[M]. Baltimore, Md.: Penguin.

[ 110 ] Copenhagen Technical and Environmental Administration. Eco–Metropolis——Our Vision for Copenhagen 2015 [R]. Copenhagen: Technical and Environmental Administration, 2007.

[ 111 ] Copenhagen Technical and Environmental Administration. Copenhagen Bicycle Account 2010 [R]. Copenhagen: Technical andEnvironmental Administration, 2010.

# 后记

由于从事城乡规划工作，且侧重于对轨道交通引导城市开发项目的关注，2011～2013年我清华博士后在站期间开始研究“交通与土地使用一体化的理论与方法”，交通枢纽站点与周边用地的一体化开发是其中的重要组成部分。从2013年至今，我陆续承担主持了国家自然科学基金“大都市区综合客运枢纽与城市空间的耦合机理及开发模式研究”，北京社科基金“北京远郊轨道交通站点与土地利用一体化开发机制研究”等课题，一直在思索我国公共交通与城市开发的关系，并关注我国轨道交通枢纽周边地区的综合开发问题。

公共交通引导城市发展（TOD）并不是一个新话题，受制于轨道交通发展阶段、土地政策、建设时序、开发主体和资金支持等条件的限制，我国TOD建设之前一直停留在理念探讨阶段，没有成熟落地的开发模式。近几年，伴随我国城镇化的快速发展和基础设施建设的升级提质，轨道交通站点周边地区的综合开发一时间成为城市建设热点话题，也出现了一些实践探索。2019年开始，我参与了“世行贵阳GEF综合试点项目”，在这个过程中，我们发现很多人对一体化开发并不是很熟悉，大家又都很急迫的想去了解：什么是一体化开发？为什么要做一体化？怎么做？问题和难点在哪？由于一体化开发项目的综合性和复杂性，很难几句话把它表述清楚。如有一本书能够系统地阐述一体化开发的来龙去脉，就可以帮助大家对轨道站点与周边用地一体化开发有个直观和整体认知，这也就成了本书写作的初衷。基于以上想法，我们把全书分成了7个部分，尝试从理论基础、方法、流程、规划设计要点、评价指标、审批流程等方面去回答一体化开发中的问题，希望可以达到让读者清楚概念、学会应用的目的。在研究过程中我也深深感受到我国一体化开发建设涉及领域之广、难度和复杂性之大，也由于自己的水平有限，有些内容还有待进一步深化，谨以此书抛砖引玉，作为与同行和读者的一个交流，也请大家不吝赐教，批评指正。

感谢清华大学陆化普教授，非常荣幸能够有机会与老师合作完成本书。陆老师倡导研究要与实践相结合，要能切实的解决我国实际建设的需求和问题，他对我国交通和城市建设事业的高度热情和责任感让我尤为钦佩。陆老师支持我从交通与城市用地一体化的角度切入，并为我提供了宝贵的实践平台，使我得以在繁忙的教学工作之余仍不忘初心，坚持开展交叉学科的研究，才有本书的付梓出版，学生深深的感动唯有化作不断前行的动力。

感谢在案例调研和资料搜集方面提供帮助的日本东京芝浦工业大学土木工程系乐奕平副教授、美国迈阿密大学Teofilo Victoria教授。感谢中国城市规划设计研究院的卞长志所长、刘荆规划师以及北京市市政工程设计研究总院刘畅博士在书稿撰写中的宝贵建议。感谢清华大学叶祯翔副教授、祝文君副教授、华北理工大学刘景森教授及围绕课题研究经常交流与探讨并给予良多启发的同行和老师。

感谢课题组成员丁震、黄天明、冯岑、朱芷晴和迟晓露参与本书部分章节的写作。感谢中国建筑工业出版社和刘丹编辑对本书的出版发行付出的辛勤劳动。

感谢国家自然科学基金项目“大都市区综合客运枢纽与城市空间的耦合机理及开发模式研究”（51408023）、北京未来城市设计高精尖创新中心项目“北京轨道交通网络化条件下宜居型TOD发展模式研究”（UDC2019011524）对于本书研究和出版的资助。感谢中国国土经济学会国土交通综合规划与开发（TOD）专业委员会对本书的支持。

王晶

2021年5月于北京建筑大学